当白居易遇见达尔文

张培华 编著

化学工业出版社

·北京·

图书在版编目（CIP）数据

当白居易遇见达尔文 / 张培华编著. —北京：化学
工业出版社，2024.6
　ISBN 978-7-122-45506-2

　Ⅰ.①当… Ⅱ.①张… Ⅲ.①生物学－青少年读物
Ⅳ.①Q-49

中国国家版本馆 CIP 数据核字（2024）第 082437 号

责任编辑：龚　娟　肖　冉　　　　　　　装帧设计：王　婧
责任校对：张茜越　　　　　　　　　　　插　　画：胡义翔

出版发行：化学工业出版社（北京市东城区青年湖南街 13 号 邮政编码 100011）
印　　装：盛大（天津）印刷有限公司
710mm×1000mm　1/16　印张 10½　字数 100 千字
2024 年 9 月北京第 1 版第 1 次印刷

购书咨询：010-64518888
售后服务：010-64518899
网　　址：http://www.cip.com.cn
凡购买本书，如有缺损质量问题，本社销售中心负责调换。

定价：68.00 元

　　中国古诗词中有很多精彩的语句，为我们展现出一幅幅栩栩如生的画面：壮美的山河、四季的风景、田间的生活，以及作者对人生、对世界的思考和感悟。许多诗词佳句不仅韵律美，而且还饱含情感、想象，富有哲理，值得我们反复诵读。

　　在学习和诵读古诗词的过程中，除了感受诗词的美妙以外，那些爱思考的同学，可能还会提出很多有趣的科学问题。

　　比如唐代诗人张继在《枫桥夜泊》中写道："姑苏城外寒山寺，夜半钟声到客船。"对此，有的同学就会好奇：远处寒山寺里的钟声，是如何传到江面上的客船的呢？声音究竟是如何在空气中传播的呢？如果你了解声音的传播原理，就能理解这种现象了。

再比如南宋诗人陆游在《村居书喜》中写道："花气袭人知骤暖，鹊声穿树喜新晴。"有的同学读到这里可能会问：为什么花的香味会和天气变暖有关呢？可能令你感到意外的是，出现这一现象的背后，其实和物理学中的分子热运动有着密不可分的关系。

古代诗人和词人通过细致入微的观察，对自然现象或事件进行了生动的描写，这让我们在感受诗词艺术之美的同时，也会深入地思考：为什么会有这些现象的出现，诗词中所描绘的场景是如何形成的……

除了此书，我们还有《当杜甫遇见爱因斯坦》《当李白遇见伽利略》《当苏东坡遇见门捷列夫》，共四册，旨在将经典诗词中所描写的具有代表性的现象、场景或事件，用现代科学的方式进行分析和解读，并按照物理、化学、生物、天文等学科进行划分，帮助同学们由浅入深地了解这些基础学科，并掌握相关知识。

这套书还有一个有趣的部分值得同学们阅读，那就是历史上伟大科学家们探索科学的经历。你会发现，这些科学家背后的成功故事是那样精彩。你会在阅读李白的诗句时"遇见"伽利略，会在阅读杜甫诗句时"遇见"爱因斯坦……

目 录

❹ 人间四月芳菲尽，山寺桃花始盛开
——为什么山上的桃花开晚了？／58

7 明月别枝惊鹊，清风半夜鸣蝉
　　　　——什么是生态系统和生物链？ / 118

⑧ 人情已厌南中苦，鸿雁那从北地来
——动物为什么要"大搬家"？ / 139

❶ 近水楼台先得月，
向阳花木易逢春
——阳光对植物有哪些影响？

"近水楼台先得月，向阳花木易逢春。"这句诗出自宋代苏麟的《断句》，全诗仅此一句，因此得名《断句》。

诗词赏析

译文：靠近水边的楼台，因为没有树木的遮挡，所以能先看到月亮在水中的倒影；迎着阳光的花木，先受到阳光的滋养，所以更容易生芽开花，形成春天的景象。

这首诗看似描写的是楼台亭榭、花草树木，其实另有一番隐喻，暗指那些由于关系近而得到好处的人。

诗人小档案

苏麟

苏麟（969—约1052），北宋时期的诗人，曾任杭州属县巡检。据记载，苏麟任巡检期间，北宋时期著名的政治家、文学家范仲淹时任杭州知府。当时范仲淹向朝廷推荐了自己身边很多的部下，而苏麟常在外办事，所以得不到范仲淹的推荐，于是怀才不遇的他便写了这首《断句》来暗示范仲淹"好处都被别人占了，自己得不到恩泽"。范仲淹看到这首诗后，心知肚明，派人对苏麟做了一番考察，确认他的确有才干后，便把他推荐到了合适的职位上。

诗词中的哲理

　　苏麟一生作品不多，但他所创作的《断句》却成为千古流传的作品。明代格言、谚语集《增广贤文》曾把这句话改为"近水楼台先得月，向阳花木早逢春"，原意未变。

　　这首诗除了告诉我们要主动争取机会以外，还提醒我们：在生活或学习中，要多向优秀的人看齐，这些优秀的人就像阳光一样，可以帮助我们更健康、更快速地成长。所谓"近朱者赤，近墨者黑"，讲的也是这个道理。

想一想

诗中提到"向阳花木易逢春"，意为朝向阳光的花木更容易发芽开花，那么这里就有一个关于植物的问题：阳光对于植物的生长有什么影响？

很多同学都听说过向日葵，知道这是一种向着太阳生长的植物。有趣的是，如果你仔细观察就会发现，向日葵的茎会追随着太阳光转动，这是为什么呢？

阳光对植物有什么影响？

同学们，我们每天都要吃饭，因为食物里有我们身体所需的营养。你知道吗？植物也是要"吃饭"的。那么植物是如何"吃饭"的呢？

虽然植物没有"嘴"，但是它们中的大多数可以利用体内特有的叶绿素，将二氧化碳和水转化为自身生长所需的"食物"，并释放出氧气。

植物的这一制造有机物质并释放氧气的过程，在生物学上叫作

"光合作用"。想一想，植物的光合作用，不正相当于我们每天吃饭这一过程吗？但是光合作用是有条件的，其中光照至关重要。

这是因为植物的光合作用本质上是将太阳能转化为化学能，是光化学作用的过程。当然这个过程是极为复杂的，分为光反应和暗反应两个主要阶段。当光照不足时，植物无法充分地进行光合作用，生长必然会受到影响。

光合作用被认为是地球上最普遍也是最重要的化学反应，这是因为光合作用不但造福了植物自身，也造福了人类以及地球上的其他需氧生物。光合作用的原料之一是二氧化碳，二氧化碳是大名鼎鼎的温室气体，被认为是全球气候变暖的罪魁祸首。但二氧化碳也有一些有益的用处，比如光合作用就离不开二氧化碳。

光合作用会吸收二氧化

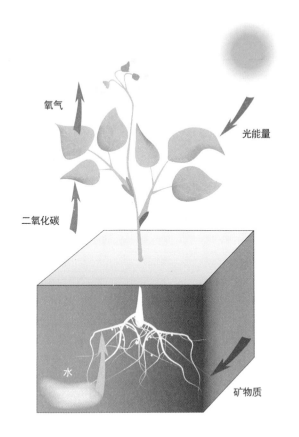

氧气

光能量

二氧化碳

水

矿物质

碳释放出氧气，这样一来就增加了空气中的氧含量，氧气是人类和其他需氧生物生存所必需的物质，没有氧气，生物体的生存将会受到严重威胁。

光合作用是一系列复杂代谢反应的总和，是地球生物圈赖以存在的基础，还是地球碳氧循环的重要媒介。光合作用对于植物而言是不可或缺的。

向日葵为何朝着太阳生长？

常有人说："如果你想知道太阳在哪儿，看看向日葵的朝向就知道了。"可是，向日葵真的是一直朝向太阳的吗？

科学家经研究发现，这种说法并不准确，因为向日葵并不是时刻跟随着太阳转动的。它在花盘盛开之前这段时间的确是朝向太阳的，但花盘盛开后就面朝东方"站着"，不再随着太阳转动。

那向日葵花盘盛开前随太阳转动的原因又是什么呢？是不是因为它要进行光合作用，所以需要寻找太阳呢？答案其实并不是这样。

科学家经研究发现，植物之所以能够生长，是因为体内有一种叫作生长素的激素。但是生长素不喜欢阳光。向日葵的生长素位于花盘下的茎部，当面向太阳时，向日葵茎部的生长素总会跑到阳光的背侧。这样，背光这一侧的生长素越来越多，也就长得更快，而向着太阳的一侧长得就慢多了，所以向日葵的花盘就会向有阳光的一侧弯曲。随着太阳不断在天空中移动，生长素也不断移动，这就使得向日葵不断朝向太阳。

又有同学问了："为什么向日葵盛开后要面向东方而不是垂下来呢？"

向日葵的花粉害怕高温，一旦温度超过 30℃，它的花粉就会被晒伤，这对向日葵的繁衍是非常不利的。因此为了避免中午强烈的阳光直射，降低花盘温度，减少受辐射量，向日葵的花盘盛开后就面朝东方而不垂下来。这也是向日葵适应自然环境的一种生存策略。

下面我们将会通过一个小实验，来理解植物生长素的特点。

小实验：豆芽伸懒腰

实验准备：

扫描二维码
就可观看视频

豆芽、不透光纸盒、泡沫塑料和水。

实验步骤：

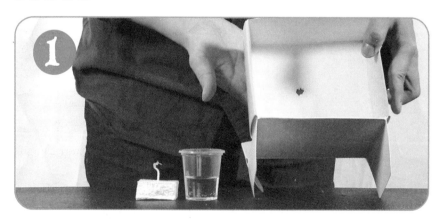

① 在纸盒上开一个小洞。

将豆芽种在泡沫塑料上，浇好水后放入纸盒，封好纸盒放在温暖明亮的地方。

几天后打开纸盒，豆芽会有哪些变化？

你会发现豆芽长大了，并且是朝着小洞的方向弯曲的。这是为什么呢？

　　其实这个实验和上面讲到的向日葵朝着阳光生长的现象是一个原理。豆芽分泌的生长素，在背光的一侧分布较多，促进这一侧加速生长。因为背光侧的生长比向光侧快，所以豆芽就朝向光侧弯曲了。

　　植物位于地面以上的茎部向光生长，它的这种特性我们称为正向光性；而植物位于地面以下的根的部分则背光生长，我们称其具有负向光性。

为什么向阳花木易逢春?

苏麟在《断句》中写到,朝向阳光的植物更容易生长,比背光的植物能更早地发芽、开花、结果。他描绘出了自然界的一个常见的现象,那么出现这一现象的原因是什么呢?

根据前面所讲到的内容,我们知道,光合作用是植物获取生长营养的一个重要手段,光照是光合作用的重要条件。不过,"向阳花木易逢春"的最主要原因并不是光合作用。

植物学家研究发现,很多植物的花芽、叶芽在秋天结束时就开始生长了,但是进入冬天,日照时间减少,环境温度降低,植物体内就会产生高浓度的脱落酸,这是一种抑制植物生长的物质,受此影响,植物会进入"休眠"的状态。

而到了春天,日照时间变长,环境温度升高,植物体内开始合成促进生长的激素,植物的生长活动被激活,植物就会告别"休眠"，开始发芽和开花了。

　　向阳的植物，一方面所处的环境温度会比背光的植物高；另一方面，更容易受到光照刺激而加速体内促生长物质的产生，因此就出现了"向阳花木易逢春"的现象。

　　所以，对于植物来说，阳光可真是太重要了！它不仅能帮助植物进行光合作用，而且还能促进植物的生长。

　　但是，好奇的同学可能会问："有没有植物不喜欢阳光呢？"

是不是所有的植物都喜欢阳光？

　　的确，植物喜欢的环境各有不同，有的喜欢阳光，有的更喜欢生在阴暗潮湿的地方。我们把喜欢在阴暗潮湿处生长的植物叫作"喜阴植物"。

　　常见的喜阴植物有很多，比如金钱草、富贵竹等，它们都比较喜欢阴凉潮湿的环境。如果把这些植物放在直射的阳光下，反而会对它们的生长不利，导致它们的叶子发黄、发蔫，甚至很有可能被"晒死"。

那么喜阴植物不需要光合作用吗？其实这种理解是错误的。喜阴植物虽然喜欢在阴暗的环境中生长，但是它们也是要进行光合作用的。只不过它们不需要直射的阳光，而是只要有一点散射的光线，就可以进行光合作用。

这是因为喜阴植物在形态、结构上与一般植物有所不同，特别是植物进行光合作用的重要场所——叶片。研究人员对一些喜阴植物的叶片进行了显微结构观察，发现它们的叶片大而薄，叶绿体通常具有比较大的基粒，叶绿素含量通常很高，所以它们在较差的光照条件下也能吸收光线，从而进行光合作用。

如果你仔细观察，就会发现喜阴植物的叶片颜色比较绿、比较深，说明它的叶绿素含量很高。

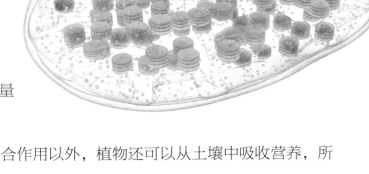

当然，除了光合作用以外，植物还可以从土壤中吸收营养，所以对于喜阴植物来说，我们大可不必担心它们因为常年"不晒太阳"而死亡。

遇见科学家：泰奥弗拉斯托斯

人类对植物的研究历史悠久，在此我们不得不提到一个人，他被称为"植物学之父"，他的名字叫作泰奥弗拉斯托斯（约公元前371—约公元前287）。说起泰奥弗拉斯托斯，可能很多人都不熟悉他，但是他有两位特别有名的老师，分别是柏拉图和亚里士多德。

柏拉图是古希腊最有名的哲学家、思想家，他的老师是苏格拉底，而亚里士多德是他的学生。亚里士多德继承了柏拉图的很多思想，并且将其发扬光大。他创建了一所叫作吕克昂的学园，传授哲学和自然科学知识。

而泰奥弗拉斯托斯不仅先后跟随柏拉图和亚里士多德，而且还和亚里士多德共同创建了吕克昂学园，并在后期担任院长。泰奥弗拉斯托斯担任园长之后，出版了两本植物学著作：《植物志》和《论植物生长的原因》。这两部著作在植物学历史上有相当的权威性，其影响力持续了

1500 多年。

　　泰奥弗拉斯托斯的这两部著作包含了对植物广泛的观察结果，涉及对植物的形态、解剖、病理、育种和嫁接的研究，以及农作物轮作和植物药用价值等方面的知识（其中还最早提到给海枣授粉），并讨论了植物的性别问题。

　　泰奥弗拉斯托斯从吕克昂学园的花园里收集植物的资料，而对那些生长范围有限的植物，他主要从跟随亚历山大大帝远征回来的士兵们那里获取所需的资料。他在自己的书中详细地描述了植物的组成部分和生长过程，对多种植物进行分类和命名，可以说是植物学历史上的一个伟大突破。

　　泰奥弗拉斯托斯把植物分为果实植物和无果实植物，显花植物和隐花植物，常绿植物和落叶植物，有些分类到现在还被人们沿用。18 世纪伟大的植物分类学家林奈对泰奥弗拉斯托斯敬佩不已，称他为"植物学之父"。

　　有趣的是，泰奥弗拉斯托斯这个名字在古希腊语中意为"神一样的说话者"，并非他的真名，据说是他的老师亚里士多德见他口才出众而替他起的。公元前 323 年，亚里士多德离开雅典时，亲自任命泰奥弗拉斯托斯为吕克昂学园的园长，还把自己的图书和所有作品的手稿送给了他。可见亚里士多德对他是多么器重。

诗词加油站

描写植物生长的古诗词

植物的生长总是能带给人生机勃勃的感觉，在我国古代的诗词中，我们能看到很多关于植物生长的生动描写。

《小松》
唐 杜荀（xún）鹤

自小刺头深草里，
而今渐觉出蓬蒿。
时人不识凌云木，
直待凌云始道高。

《春草》
唐 唐彦谦

天北天南绕路边，
托根无处不延绵。
萋萋总是无情物，
吹绿东风又一年。

《泊船瓜洲》
宋 王安石

京口瓜洲一水间，
钟山只隔数重山。
春风又绿江南岸，
明月何时照我还？

《晚春》
唐 韩愈

草树知春不久归，
百般红紫斗芳菲。
杨花榆荚无才思，
惟解漫天作雪飞。

《赋得古原草送别》
唐 白居易

离离原上草，一岁一枯荣。
野火烧不尽，春风吹又生。
远芳侵古道，晴翠接荒城。
又送王孙去，萋萋满别情。

《浣溪沙·其五》
宋 苏轼

软草平莎过雨新，
轻沙走马路无尘。
何时收拾耦耕身？

日暖桑麻光似泼，风来蒿艾气如薰。
使君元是此中人。

　　从上面的这些古诗词中，你是否能感受到作者对植物的细致观察呢？等到春天到来，万物复苏的时候，你不妨也到自然界中感受一下吧。

思考题

1. 我们知道了光照会促进植物进行光合作用，是绝大部分植物生长的必要条件，那么如果让植物长期处于强光下，植物会生长得特别好吗?

2. 喜阳植物有月季、石榴、菊花、水仙、荷花、向日葵等，请你选择其中一种进行观察，看看它的叶子和喜阴植物的叶子有哪些区别。

② 碧玉妆成一树高，万条垂下绿丝绦

——植物都有哪些重要的器官？

"碧玉妆成一树高，万条垂下绿丝绦。"这句诗出自唐代诗人贺知章的《咏柳》，全诗为：

碧玉妆成一树高，万条垂下绿丝绦。

不知细叶谁裁出，二月春风似剪刀。

诗词赏析

译文： 高高的柳树长满了嫩绿的新叶，轻轻垂下的柳条好像是千万条轻轻飘动的绿色丝带。不知道这细细的柳叶是谁裁剪出来的，这二月的春风，就像是一把神奇的剪刀。

相信很多同学都对贺知章的这首诗非常熟悉，作者借柳树歌咏春风，将春风比作剪刀，赞美它是美的创造者，裁出了春天，流露出诗人对大自然的热爱及赞美之情。

诗人小档案

贺知章

贺知章（659—约744），字季真，自号四明狂客，唐越州永兴（今浙江杭州萧山区）人，唐代著名诗人、文学家。贺知章小的时候便以诗文知名，于证圣元年（695年）考中进士。随后贺知章相继担任礼部侍郎、集贤院学士、工部侍郎等职。

贺知章的诗文以绝句见长，除祭神乐章、应制诗外，其写景、抒怀之作风格独特，清新潇洒，其中以《咏柳》《回乡偶书》这两首最为著名，可谓脍炙人口、千古传诵。

诗词中的哲理

　　《咏柳》这首诗比喻巧妙，把柳树和柳叶描写得极为传神。虽然题目是《咏柳》，但从后两句可以看出，贺知章实际上赞叹的是赋予大自然生机和美丽的春天。这首诗想象力和艺术性俱佳，读起来也是朗朗上口。

　　大自然就像是一位"能工巧匠"，创造出令人赞叹的景色。在享受大自然带来的美好之余，我们也应该成为大自然的保护者，而不是自然环境的破坏者。如果我们每个人都能关心大自然，关心我们居住的地球，世界就会变得更加美好。

想一想

看到柳树发芽并长出嫩嫩的绿叶，我们就知道春天来了。的确，柳树发芽可以说是春天到来的标志，提醒我们寒冷的冬天就要过去了。

树木的发芽现象在自然界很常见，除了柳树以外，常见的发芽树种还有槐树、榆树、杨树、枣树、银杏树、香椿树等。那么，为什么很多植物会在春天发芽呢？植物的生长过程又是怎样的？

为什么很多植物会在春天发芽？

到了春天，很多植物都开始生长起来，柳树也会早早地长出嫩芽。如果你的身边有花卉，也可以观察一下，花朵就是由茎上最初冒出的小芽发育而来。

在植物学上，芽是茎（植物枝）、叶、花的原始体，芽萌发后可形成茎（枝条）、叶片和花。依据芽的性质，

芽可分为叶芽、花芽和混合芽。

叶芽也被称为"营养芽"，指的是能发育成枝和叶的芽。像我们说到的柳树，春天时它树枝上长出的嫩芽就是叶芽。而花芽是由未发育的一朵花或一个花序组成，通常位于开花植物枝条的顶端，比如牡丹、月季等，都是先长出花芽，然后再开花。

混合芽通常指的是将来既发育成茎、叶又发育成花的一种芽，混合芽萌发后会形成一根既长叶又开花的枝条，一些常见的果树，如苹果树、梨树等都有混合芽。

很多植物的叶芽、花芽在秋季落叶前后生长变得缓慢或停止生长，到了天气寒冷的冬天，便进入"休眠"状态。到了春天，随着光照增加和温度升高，休眠芽中的叶原基受到刺激，生长调节剂含量增加，一些能够打破休眠以及萌发必需的酶开始合成，从而促进植物长出芽来。这就是柳树在春天发芽的原因。

无论是叶芽、花芽还是混合芽，植物萌发的新芽都是植物健康生长的标志，对于植物的生长和繁殖有着极为重要的意义。

植物都有哪些重要的器官？

我们的人体有很多重要的器官，比如参与泵血的心脏、帮助我们呼吸的肺、净化血液的肝脏等。那么可能有的同学会很好奇：植物都有哪些重要的器官呢？

其实植物和人或其他动物一样，也有自己特别重要的器官。通常来说，植物最常见的6大器官分别是根、茎、叶、花、果实和种子。植物的不同器官也像人的不同器官一样，有着截然不同的作用。

根是植物吸收土壤中水分和营养物质的主要器官，而且还能起到固定植物和储存部分营养物质的作用。大多数植物的根的形状都是修长的线形，颜色多为灰褐色、黄褐色、棕红色等。

茎是植物生长在土壤外面的部分，主要起到输送营养物质的作用，可以将根系吸收到的水分和营养物，以及植物自身形成的养分，输送到整个植物中，确保植物正常生长和发育。茎的上面可以发芽，并生长出花、叶和果实等。

叶也是对植物生长至关重要的器官，这是因为植物的呼吸作用和光合作用，主要是通过叶子中叶肉细胞的叶绿体来实现的。

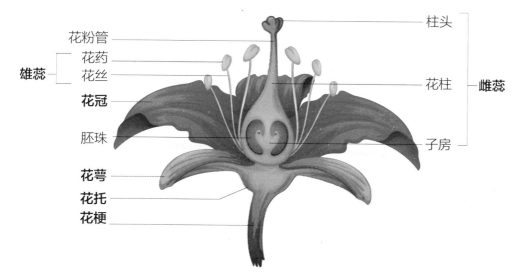

花粉管
花药
花丝 } 雄蕊
花冠
胚珠
花萼
花托
花梗

柱头
花柱 } 雌蕊
子房

花不仅能提升植物的观赏性，更重要的是，花是植物进行繁殖的器官。一般来说，花由花梗、花托、花萼、雄蕊、雌蕊和花冠等部分组成。花是如何进行授粉繁殖的，在后面我们还会详细讲到。

果实是被子植物经过传粉受精后发育而形成的器官。有的果实可以直接食用，例如生活中常见的苹果、鸭梨等，甜美多汁，并含有丰富的维生素和微量元素；也有一些果实不可以食用，只是具有形成植物种子进行繁殖的作用。

种子是植物的繁殖器官，它是通过传粉使胚珠受精后发育形成的，由胚芽、胚乳和种皮三个部分组成。其中，种皮可以保护种子，而胚中的胚乳和子叶可以储存营养物质。

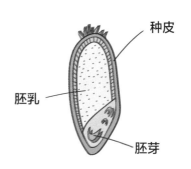

种皮
胚乳
胚芽

在植物学上，植物的根、茎、叶属于植物的营养器官，而花、果、种子属于植物的繁殖器官。

遇见科学家：林奈

在人类对植物的研究领域，有一位科学家的贡献是无比巨大的，这也让他成为和诺贝尔齐名的大科学家，他就是林奈。

卡尔·冯·林奈（1707—1778），瑞典知名的博物学家，动植物双名命名法的创立者，也是近代植物分类学的奠基人。

根据历史记载，林奈出生在瑞典斯莫兰省的罗斯胡尔特村。林奈的父亲是一位乡村牧师，对园艺非常喜爱，空闲时精心管理着花园里的花草树木。

在父亲的影响下，小时候的林奈十分喜爱植物，8岁的时候就被称为"小植物学家"。林奈十分好学，看到不认识的植物就来询问父亲，而他的父亲也将这种植物的特点详尽地告诉他。久而久之，林奈认识的植物种类也越来越多。

在小学和中学时期，林奈的学习成绩并不突出。他对树木花草有着异乎寻常的喜爱，把大部分时间和精力用于去野外采集植物标本及阅读植物学著作上。

从1727年开始，林奈先后进入瑞典的隆德大学和乌普萨拉大学，学习博物学和采制生物标本的知识与方法，并且充分利用大学图书馆和植物园进行植物学学习。

　　25 岁时，林奈得到了乌普萨拉大学科学院的资助，到瑞典北部的拉普兰地区进行博物考察。这是一块荒凉之地，充满了各种危险，但是林奈无所畏惧。他在此发现了 100 多种新植物，也得到了不少资料，并根据调查结果出版了《拉普兰植物概要》。

　　1735 年到 1738 年，林奈在荷兰取得了医学博士学位。在此期间，林奈结识了欧洲一些著名的植物学家，并得到了一些国内没有的植物标本。与此同时，他的学术思想日趋成熟，并逐渐开始形成自己的理论系统。他的《自然系统》一书就是在这期间出版的。

　　1741 年，林奈回到母校乌普萨拉大学任教，并潜心研究动植物分类学。此后的 20 多年里，他相继出版了 180 多部科学著作，其中最为知名的就是《植物种志》一书，这是他历时六年完成的集大成之作。

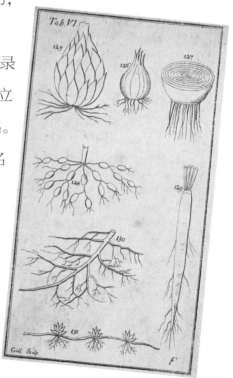

　　在《植物种志》一书中，一共收录了将近 6000 种植物，林奈用自己创立的"双名命名法"将这些植物统一命名。后来，林奈提出的植物分类方法和双名命名制逐渐被各国生物学家所接受，"植物王国"的混乱局面也因此变得井然有序。

　　在林奈之前，科学界对于动植物的命名是极为混乱的，这也给科学研究带来诸多不便，而有了林奈对动植物的新命名方法后，动植物学家可以按照统一的方式去命名和研究生物,这极大地提高了科学研究的效率,也全面促进了植物学的发展。

直到今天，林奈的命名体系依然富有生命力，仍为人们所用。

我们都知道芹菜是绿色的,你见过红色的芹菜吗? 下面, 就让我们试一试,看看如何让芹菜变成红色

小实验：红色芹菜

实验准备:

扫描二维码
就可观看视频

水，芹菜、红墨水、杯子。

实验步骤:

将水倒入杯子,滴几滴红墨水,摇匀。

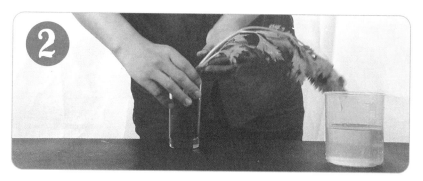

将一段带叶子的芹菜以图中的方式放在水杯里。

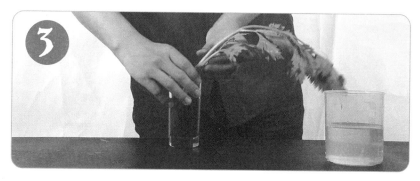

一段时间过后,观察芹菜的叶子是不是变红了。

原来呀，芹菜梗中有一些运送水分的导管，当芹菜浸入滴进了红墨水的水中，它的导管便将这种红色的水运送到叶片中，芹菜叶就变红啦！

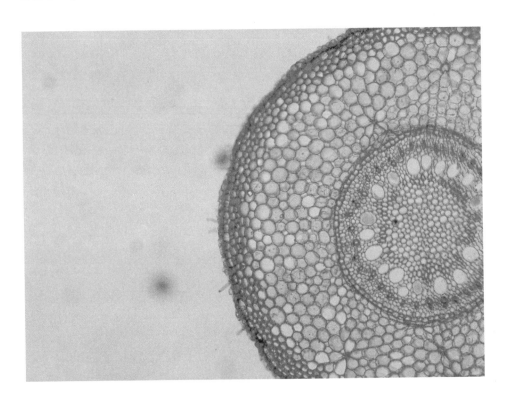

从这个实验中，我们可以看到叶柄在植物营养输送上所起到的作用，它可以通过导管将土壤中的水分及营养物质输送到植物的叶片，这对叶片进行光合作用有很大的意义。

这是因为光合作用不仅需要光照，还需要水分，而很多植物的水分都是通过根部从土壤吸收，再通过茎、叶柄运送到叶片，帮助叶片完成光合作用。

植物的生长过程是怎样的?

大多数的植物都是从种子开始发育成长的。它们会经历怎样的成长过程呢? 通常来说,植物的生长过程分为下面 5 个阶段。

发芽期:植物的生长从种子萌发开始,在合适的温度和水分条件下,种子会生长出根、茎、叶等营养器官,形成幼苗。

幼苗期:种子萌芽后,胚根会深入土壤中形成主根,接着下胚轴开始伸长,将胚芽和子叶推出土面。

生长期：植物的茎和叶开始快速生长，叶子中的叶绿素能从光照中吸收能量，进行光合作用，植物的根系也生长得更为完善。

开花期：植物生长成熟后就会进入开花期，只不过不同的植物开花的季节是不一样的。

结果期：通过各种授粉的途径，植物的雌蕊受精后开始发育，长成果实，而果实中通常包含有植物的种子。

"无心插柳柳成荫"
是怎么回事儿?

　　"有心栽花花不开,无心插柳柳成荫"用来形容费很大精力去做一件事,结果却没能如愿;而不经意去做一件事,反而很顺利地得到了好结果。这种说法从侧面反映了柳树具有极强的生命力。那你知道柳树的生命力为何这么强吗?

　　柳树喜欢湿地,因此多生长在河边、湖畔。柳树生命力很强,从柳树上剪下一截树枝往河边泥地里一插便能成活。这要归功于一种化学物质,那就是柳树树皮中含有的水杨酸。水杨酸是生产阿司匹林的主要原料，是柳树的一种"化学武器"，可以促进柳树生长，刺激其在春天抢先抽芽吐绿，并使柳树在扦插时易于成活。

柳树枝一旦见泥，便会迅速生出许许多多的须根深深地扎向地下，伸向更深更远的地方获取丰富的营养。因此，在同等条件下，柳树就要比很多植物更有生命力。所以对于柳树，人们普遍采用扦插的方式进行繁殖。

柳树对空气污染及尘埃的抵抗力强，姿态柔美，适合在都市庭园中生长，尤其适合种在水池或河道边。凭借无与伦比的适应性，柳树成为我国古往今来绿化应用最普遍的树种之一。

诗词加油站

描写草木发芽的诗词

　　春天是万物复苏的季节，也是古代诗人、词人最容易触景生情的季节，并留下不少描写植物发芽的诗句、词句。

《春雪》
唐　韩愈

新年都未有芳华，
二月初惊见草芽。
白雪却嫌春色晚，
故穿庭树作飞花。

《小池》
宋　杨万里

泉眼无声惜细流，
树阴照水爱晴柔。
小荷才露尖尖角，
早有蜻蜓立上头。

《小重山·柳暗花明春事深》
宋　章良能

柳暗花明春事深。小阑（lán）红芍药，已抽簪（zān）。
雨余风软碎鸣禽。迟迟日，犹带一分阴。

往事莫沉吟。身间时序好，且登临。
旧游无处不堪寻。无寻处，惟有少年心。

《颖公遗碧霄峰茗（míng）》

宋 梅尧臣

到山春已晚，何更有新茶。

峰顶应多雨，天寒始发芽。

采时林狖（yòu）静，蒸处石泉嘉。

持作衣囊秘，分来五柳家。

《戏答元珍》

宋 欧阳修

春风疑不到天涯，二月山城未见花。

残雪压枝犹有橘，冻雷惊笋欲抽芽。

夜闻归雁生乡思，病入新年感物华。

曾是洛阳花下客，野芳虽晚不须嗟（jiē）。

在上面的诗词中，既有对小草发芽的描写，也有对茶树发芽的描绘，更有对花芽的赞美，不知道你都读出来了吗？

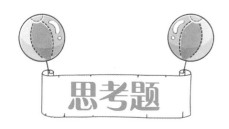

思考题

1.早春过后,到了 4 月份,我们会在一些地方看到满街飞舞的柳絮。有些同学认为柳絮就是柳树的花,这种说法正确吗?

2.德国哲学家、数学家莱布尼茨曾说:"世界上没有两片完全相同的树叶。"请你想一想、画一画你见过的树叶,看看你能画出多少种形状。

③ 停车坐爱枫林晚，霜叶红于二月花

——枫叶变红的秘密是什么？

"停车坐爱枫林晚，霜叶红于二月花。"这句诗出自唐代诗人杜牧的《山行》，全诗为：

远上寒山石径斜，白云生处有人家。

停车坐爱枫林晚，霜叶红于二月花。

诗词赏析

译文：深秋，沿着远处的石子铺成的倾斜小路上山，在那生出白云的地方有几户人家。停下马车是因为喜爱深秋枫林的晚景，深秋寒霜染过的枫叶，比那二月的春花还要红。

这首描写秋色的七言绝句，相信很多同学都读过。生出白云之处的人家、比春花还要红的枫叶，在杜牧的笔下，秋景不仅富有层次感，而且还充满生机和艳丽的色彩，令人感受到诗人对秋景的喜爱以及豪爽洒脱的性格。

诗人小档案

杜牧

杜牧（803—853），字牧之，号樊川居士，唐京兆万年（今陕西西安）人，大和进士，唐代文学家。历任淮南节度使掌书记，殿中侍御史，内供奉，左补阙，史馆编撰，司勋员外郎以及黄、池、睦、湖等州刺史等职。杜牧性格刚直，不拘小节，不喜欢逢迎。杜牧的诗作明丽隽永，绝句尤受人称赞，著有《樊川文集》。

诗词中的哲理

进入深秋，天气寒冷，有人会不由自主地产生一种凄凉的感觉，但从这首诗中，我们看到了深秋的生机和美丽，令人不由自主地跟随诗人对深秋产生了喜爱之情。

面对同样一片天地，为何不同的人有不同的感觉呢？其实这取决于人们观察事物和思考问题的角度。如果你是一个积极乐观的人，那么你眼中的世界也是光明和美丽的；如果你是一个消极的人，那么再美丽的世界恐怕也会是黯淡无光的。

想一想

众所周知，加拿大因为境内遍植枫树而被称为"枫叶之国"，其国旗、国徽上都有枫叶的标志，国树就是枫树。北京的香山、南京的栖霞山、苏州的天平山和长沙的岳麓山是我国著名的四大赏枫胜地。每年秋天，大片大片的枫树叶便会换上"红衣"，如火似锦，极为壮美。

徜徉在这红色的世界里，人会情不自禁陶醉在大自然的绚丽色彩之中。但是大家想过没有，为什么很多树木秋天换上了"黄衣服"，枫树却换了一身"红衣裳"呢?

枫叶变红的秘密是什么？

我们之前讲到，叶子是植物的营养器官，叶片的叶肉细胞中含有叶绿体，可以帮助植物进行光合作用。叶绿体中含有叶绿素，叶绿素可以吸收可见光中的红光、蓝光，但不能吸收绿光，只能反射绿光，所以我们看到的叶子是绿色的。

不过，植物的叶子里除了含有叶绿素外，还含有其他色素，如花青素、类胡萝卜素等。这些色素在春、夏季小心翼翼地隐藏在叶片中，只是显露不出来而已。

到了秋季，光照减少，土壤也变得干燥了。树木受低温的影响，产生叶绿素的能力逐渐降低甚至消失，同时叶绿素又被大量分解，输送养料的能力也就减弱了。而叶子中的叶黄素和类胡萝卜素十分稳定，所以叶子就由绿色变成了黄色。

那么，为什么枫叶会变红呢？其实有些植物，例如枫树、漆树、柿树、橡树等，它们为了御寒，会在叶子中储存大量的淀粉，并会将它们转化成葡萄糖输送

到植物的各处。但葡萄糖增多的同时，容易产生大量的花青素。

花青素遇到酸性物质会变成红色，而枫树的叶子中有酸性物质，所以枫叶到秋天就会变红。

如果大家有机会去看红色枫叶的话，可别只顾着欣赏，我们还得想一想，到底是什么造就了这一令人赞叹的奇观呢。

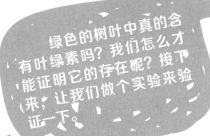

绿色的树叶中真的含有叶绿素吗？我们怎么才能证明它的存在呢？接下来，让我们做个实验来验证一下。

小实验：酒精变绿

实验准备：

扫描二维码
就可观看视频

注意：加热酒精等易燃物质存在一定的安全风险，本实验仅为演示实验，同学们千万不要自行操作。

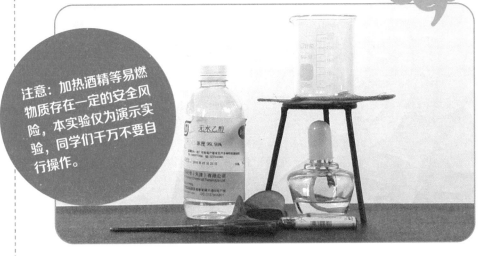

烧杯、酒精灯、灯架、石棉网、酒精、打火机、剪刀和若干树叶。

实验步骤：

将树叶剪碎放到烧杯中。

向烧杯中加入酒精。

用酒精灯隔着石棉网加热烧杯，看看会有什么变化？

烧杯中的酒精逐渐变成绿色。

小提示：加热酒精最安全的方式是隔水加热。为了演示效果，这里选用石棉网。

为什么酒精会变成绿色呢？这是因为绿色的树叶中含有大量的叶绿素，叶绿素可以溶于酒精。用酒精煮树叶时，叶绿素跑到酒精里，酒精也就变绿了。通过这个实验，我们验证了叶绿素的存在。

遇见科学家：普里斯特利

相信很多同学都知道，植物可以通过叶绿素进行光合作用，将二氧化碳转化为氧气。可是在 18 世纪之前，人们对于植物的这种特性一无所知，即使是科学家也一样。直到 18 世纪之后，一位名叫普里斯特利的化学家出现，才改变了这一切。

约瑟夫·普里斯特利（1733—1804）是英国著名的化学家，他出生在约克郡利兹市郊区的一个小农庄上。父亲是农庄的经营者，靠农产品和毛织品买卖来维持一家人的生活，但收入微薄。由于家境困难，作为长子的普里斯特利从小和外公、外婆住在一起。

6 岁左右，普里斯特利的外婆去世了，他又被送到姑母家里，但是没几年，姑父又忽然病逝了。可能是由于从小寄人篱下，又接

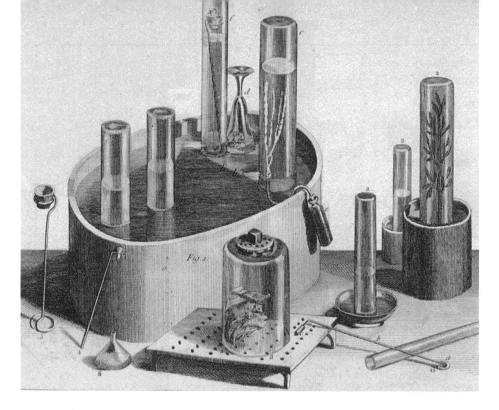

连遭受亲人离世的打击，普里斯特利比同龄人更习惯于独立思考，而且在学习方面也更为刻苦。

他曾学过数学、自然哲学导论等，后因体弱多病，中断过一段时间的学习。待身体康复后，他进入考文垂的高等专科学校学习。因为他学习勤奋刻苦，成绩超群，学校同意他免修一、二年级的部分课程。

普里斯特利毕业后，在专科学校中担任教师，讲授语言学、文学、现代史、法律、口才学及辩论学等课程，甚至教过解剖学，并编著出版了《语言和普遍语法原理》等著作。

普里斯特利知识丰富，是一位非常受欢迎的老师，并在1765年得到了爱丁堡大学的法学博士学位。但在结婚之后，随着儿女先后出世，普里斯特利的经济负担开始加重，这让他只能辞掉教师的工作，改行当了牧师。

牧师的收入比教师要高一些，而且对于普里斯特利来说，他可以有更多的时间来开展让他感兴趣的科学研究。他在这段时间内先是创作了《电学史》，之后又开始研究化学。

进入化学领域后，他对空气产生了兴趣，思考了不少有关空气的问题，并做了多个有趣的实验。例如，他点燃一根蜡烛，把它放到有小老鼠的玻璃容器中，然后盖紧容器。他发现：蜡烛燃了一阵之后就熄灭了，而小老鼠也很快死了。这一现象使普里斯特利想到，空气中大概存在着一种东西，当它燃烧时空气就会被污染，成为既不能供动物呼吸，也不能使蜡烛继续燃烧的"受污染的空气"。

为了证明这一想法的正确与否，他设想，能否把受污染的空气加以净化，使它成为可供呼吸的空气呢？为此他做了一个新的实验。他用水洗涤受污染的空气，其结果使他大为惊异：他发现，水只能净化一部分被污染的空气，而另一部分未被净化的空气还是不能供给呼吸，老鼠在其中照样会死去。

实验 1   实验 2

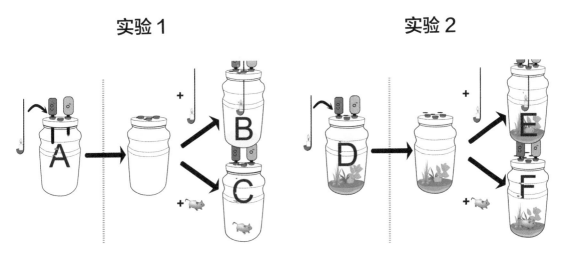

善于思考和钻研问题的普里斯特利进一步想到，动物在受污染的空气中会死去，那么植物又会怎样呢？对此，他设计了以下实验：把一盆花放在玻璃罩内，花盆旁边放了一支燃烧的蜡烛来制取受污染的空气。蜡烛熄灭几小时后，植物却看不出什么变化。他又把这套装置放到靠近窗子的桌子上，次日早晨发现，花不仅没死，而且长出了花蕾。由此，普里斯特利想到，难道植物能够净化空气吗？空气是由什么组成的呢？

为了确定空气究竟由几种气体组成，普里斯特利曾多次重复自己的实验。他认为，在蜡烛燃烧以及动物呼吸时产生的气体，就是早先人们所称的"固定空气"（实则为二氧化碳）。他对这种"固定空气"的性质做了深入研究。他证明，植物吸收"固定空气"后可以放出"活命空气"（实则为氧气）。普里斯特利的发现，

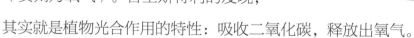

其实就是植物光合作用的特性：吸收二氧化碳，释放出氧气。

不仅如此，普里斯特利还发现，"活命空气"既可以维持动物呼吸，又能使物质更猛烈地燃烧。其实，这种"活命空气"就是维持我们人类生命的氧气。

普里斯特利相继在1772年发现了二氧化氮、1773年发现了氨、1774年发现二氧化硫。1774年，他利用一个大凸透镜把阳光聚焦起来加热氧化汞，用排水集气法收集产生的气体，并研究了这种气

体的性质。他还发明了制造碳酸饱和水的设备，可以说是制造碳酸饮料的始祖。1772 年到 1790 年，他出版了《不同空气的实验和观察》（共六卷），大大丰富了气体化学研究内容。

1766 年，普里斯特利当选为英国皇家学会会员。可以说，普里斯特利是一位自学成才的科学家。

树叶对于地球温度有什么影响?

有人做了一个统计，城市绿地面积每增加 10%，当地夏季的气温可降低 1℃。常言道："大树底下好乘凉。"那让我们看看"绿色空调"树木是怎么调节气温的吧！

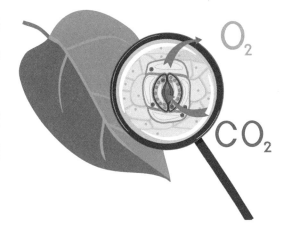

树叶可以通过光合作用吸收二氧化碳，释放氧气。二氧化碳是大名鼎鼎的"温室气体"，空气中二氧化碳的含量过高，温度势必会上升。树木将二氧化碳吸进"肚"里，温室效应就会减弱，气温自然就下降了。

另外，树木还有一个了不起的本事，那就是树叶的蒸腾作用。树木体内的水分子不停地散发到空气中，根据物理学知识，水在蒸发的过程中会吸收热量，所以这也可以起到降低空气温度的作用。

还有一点就是，大量种植树木可以减少城市中建筑、道路等"超级吸热体"的裸露面积，降低它们吸热的"能力"。这就好比给城市撑了一把绿油油的小阳伞，当然就凉快一些了！

这么一解释，就不难理解为什么夏日许多人喜欢跑到郊外山林等地区去消暑。那些地方的绿化面积高于城市，所以自然就比城市凉快些。依此看来，要想给咱们的城市降降温，不只是要多洒水，而且要多种树。

刚才我们提到，蒸腾作用可以起到降低环境温度的作用。下面，我们通过一个小实验来了解蒸腾作用。

小实验：蒸腾作用

实验准备：

扫描二维码
就可观看视频

水、盆栽植物、大塑料袋。

实验步骤：

先给植物浇水。

用大塑料袋套住植物（不包括花盆）。

几个小时后，让我们观察塑料袋内侧，看看会出现什么？

在这个实验中，我们能观察到，几个小时后，套在盆栽植物上的塑料袋的内侧有许多水珠，这是植物蒸腾作用的证明。蒸腾作用是指植物中的水分（主要通过叶子）散发到空气中的过程。它是一种复杂的生理过程。其主要过程为：

土壤中的水分——→根毛——→根内导管——→茎内导管——→叶内导管——→气孔——→大气

植物学家还发现，植物在幼小时，暴露在空气中的表面都能进行蒸腾作用。

森林面积大的地方，空气会比较湿润，雨水也更充沛，这是因为植物的蒸腾作用为大气提供了大量的水蒸气；而森林大面积减少的地方雨水也会减少，气候变得越来越干旱。看到这里，相信你一定明白人类为什么要保护现有森林并积极植树造林了吧。

为什么树叶会有不同的形状?

你知道树叶都有哪些形状吗？每种树的叶子都有不同的形状，根据形状不同，可以将树叶分为阔叶和针叶。

白杨树的叶片宽宽大大的很像手掌,属于阔叶。松树叶又细又小，是典型的针叶。见过银杏树的人一定知道，银杏树叶由叶片和叶柄组成，整体看起来就像一把扇子，所以叫扇形叶。枫树叶像红色的手掌，边缘都是小的锯齿，所以叫掌形叶。槐树叶形状像羽毛，它们一片片整齐地排列在叶柄两边，像赛龙舟时分列在舟两旁的桨。由于这种叶子对称而生，又呈羽毛状，因而叫作羽状复叶。

　　为什么植物会长出不同形状的叶子呢？其实，这还是和植物自身的生长、生存需要有关。比如阔叶叶面宽大，接收阳光的面积也更多，可以帮植物多多吸收阳光和二氧化碳；而针叶比阔叶表面小许多，可以减少水分蒸发，帮助植物耐旱抗风，在冬日减少水分的蒸发，存储能量。

　　树木是"聪明"的，它们选择的叶片既显示了自己的特点，又符合自己的实际需要，着实令人称奇。

诗词加油站

描写植物颜色的古诗词

不同的植物有不同的颜色，把我们的世界装扮得五颜六色、绚丽多彩，而在古诗词中，也有很多描写植物颜色的名篇佳句。下面这几首，你都读过吗?

《晓出净慈寺送林子方二首·其二》

宋 杨万里

毕竟西湖六月中，风光不与四时同。
接天莲叶无穷碧，映日荷花别样红。

《送陈章甫》（节选）

唐 李颀

四月南风大麦黄，
枣花未落桐阴长。
青山朝别暮还见，
嘶（sī）马出门思旧乡。

《早梅》

唐 张谓

一树寒梅白玉条，
迥（jiǒng）临村路傍溪桥。
不知近水花先发，
疑是经春雪未销。

《暮春》
唐 杜甫

卧病拥塞在峡中，潇湘洞庭虚映空。
楚天不断四时雨，巫峡常吹千里风。
沙上草阁柳新暗，城边野池莲欲红。
暮春鸳鹭立洲渚(zhǔ)，挟(xié)子翻飞还一丛。

《定风波·红梅》
宋 苏轼

好睡慵(yōng)开莫厌迟。自怜冰脸不时宜。
偶作小红桃杏色，闲雅，尚余孤瘦雪霜姿。
休把闲心随物态，何事，酒生微晕沁(qìn)瑶肌。
诗老不知梅格在，吟咏，更看绿叶与青枝。

《山居即事》
唐 王维

寂寞掩柴扉(fēi)，苍茫对落晖。
鹤巢松树遍，人访荜(bì)门稀。
绿竹含新粉，红莲落故衣。
渡头烟火起，处处采菱归。

　　上面这几首诗词中，你都读到了哪些植物的颜色描写呢？你认为诗人或词人描写得是否非常准确呢？

思考题

1.花青素是一种水溶性天然色素，对人体健康有一定的好处。那么除了我们讲到的变红的枫叶，你还知道哪些水果或蔬菜中含有丰富的花青素呢？

2.在日常生活中，你见过的哪种植物蒸腾作用最明显？

4 人间四月芳菲尽，山寺桃花始盛开

——为什么山上的桃花开晚了？

"人间四月芳菲尽，山寺桃花始盛开。"这句诗出自唐代诗人白居易的《大林寺桃花》，全诗为：

人间四月芳菲尽，山寺桃花始盛开。

长恨春归无觅处，不知转入此中来。

诗词赏析

译文:四月正是很多花朵凋零殆尽的时候,但高山古寺中的桃花才刚刚盛开。找不到逝去的春光而感到惋惜的时候,却不知道它已经转到这里来了。

这首诗把春光描写得生动具体、活灵活现,而且立意新颖,构思巧妙,趣味横生,可以说是唐代绝句中一首珍品。从诗中,我们可以感受到诗人意外发现桃花时所产生的欣喜之情。

诗人小档案

白居易

白居易(772—846),字乐天,晚年号香山居士,又号醉吟先生,原籍为河南新郑(今河南郑州新郑市),是唐代伟大的现实主义诗人,也是唐代三大诗人之一。白居易的诗歌题材广泛,形式多样,语言平易通俗,有"诗魔"和"诗王"之称。

诗词中的哲理

据历史记载，在朝廷里担任左拾遗的白居易因为直言不讳冒犯了权贵，受到排挤，被贬为江州（今江西九江）司马。任职江州司马期间，他和友人结伴漫游庐山时创作了这首诗。从诗中，我们能够感受到白居易因为看到山上盛开的桃花而重新发现春光的欣喜。

在成长的过程中，我们都可能会遭遇挫折或不顺心的事情，有的人会因此变得消沉起来，甚至一蹶不振。但其实，生活处处有春光，有时候我们或许只需转换一下自己努力的方向，或是改变一下自己看问题的角度，内心深处的阴霾就会一扫而光。

想一想

通常来说，桃花盛开的时节一般是春季（农历二月、三月），但是诗中说到的桃花却是在农历四月盛开，这是为什么呢？

难道诗人白居易看到的并非桃花？还是他在写诗时记错了日期？其实都不是，这首诗蕴含了一个非常有趣的植物学现象。你知道是什么吗？

为什么大林寺的桃花开晚了？

本应在春天开放的桃花，却推迟到了入夏时节才盛开，这是什么原因呢？攀登过高山的人都有相似的感受：越往山上走，温度会越低。我们在山下的时候或许还热得穿着薄衫短裤，但爬到半山腰时就冷得要穿上外衣长裤了。

《大林寺桃花》中所描述的桃花，位于庐山大林峰上的大林寺，海拔1100 ~ 1200米。地势越高，气温越低，所以大林寺的平均气温要比山下低5℃左右，也就是说山上的春天要比山下晚了一两个月。

由此可以推断，大林寺的桃花开得晚，主要是环境温度低所导致的，而温度是影响植物开花的一个重要因素。由于气温存在明显的差异，所以山上和山下的桃花开放的时间是不同的。

再比如在我国北方，桃花通常是三、四月份盛开，而到了较为温暖的广州等南方城市，桃花在二月初就开花了。

当然，各种植物开花所要求的气候条

件是不同的，因此不同的植物就有各自的开花时令。

例如：春季是桃花、樱花盛开的季节；夏季池塘中的荷花随风摇曳，树上的石榴花开得红火；到了秋天，许多植物黄叶凋零，可是菊花却绽放出千姿百态的花朵；而到了寒冬腊月的时候，则有"倔强"的蜡梅在枝头迎风吐芬芳。

了解到不同的花会在不同的气候条件下开花，那我们可不可以根据这一点来改变花朵的开花时令呢？

答案是可以的。如梅花喜寒，桃花喜暖，只要分别放在人工控制温度的环境下，它们就可以提早或推迟开花。又如，鳞茎类植物很特别，它的鳞茎有着独特的构造，富含养分，可使植物顺利过冬。对于这类植物，只要控制好温度，就能打破鳞茎的"休眠"状态，促使花芽分化。

还有一些植物开花对光照的要求比较严格。例如，一品红和多数菊花品种都是短日照植物，这类植物在光照期长的季节里不能开花，若想让它们在日照时间长的季节里开花，可采用每天定时遮光的办法以缩短光照期。在光照期短的季节里，若要暂时阻止它开花，则可以采用人工光照的办法以增加光照时数，产生长日照效应。

为什么花朵有各种颜色?

正如唐代诗人韩翃所说："春城无处不飞花。"每当春回大地，黄色的迎春花、粉红色的樱花、桃花就纷纷绽放。花儿为什么这样多彩呢?

如果好好观察一下，我们不但可以领略花儿绚丽多姿的风采，而且还会发现，有些花朵像变色龙一样，可以在红、紫、蓝之间自由变化，或是在黄、橙、红之间自由地"游走"。你知道这是为什么吗?

原来，有些花的颜色之所以能够在红、紫、蓝之间变化，是因为花朵里藏着花青素。我们之前说到过，花青素是一种可溶性有机色素，这种色素很容易发生变色反应，哪怕温度和酸碱度有一点点的变化，它都会很不安分地运动起来，花朵也就随之变色了。

而花朵的颜色之所以能够在黄、橙、红之间自由地"游走"，是因为有类胡萝卜素在起着作用。类胡萝卜素是一类天然色素的统称，由于它在胡萝卜里含量最多，所以人们就把它叫作类胡萝卜素。其实，许许多多的花朵里都含有类胡萝卜素。

从花的形态结构上看，有完全花和不完全花。一般来说，花瓣都是绚丽多彩的，但是，不完全花往往是花的其他部分——花萼、苞片等，具有艳丽的色彩。如马蹄莲花，它有一个漏斗状的白色大苞片，色彩鲜明，人们常把此苞片误认为花，其实它的花非常小。

比如象牙花，它真正的花朵很小，在苞片的中央，看起来像花蕊。它的每一朵花都连着一个狭长而鲜艳的红色苞片，七八个苞片就构成了一朵美丽的象牙花。还有九重葛（又叫三角花），它的花朵也很小，你不仔细看，还以为是花蕊呢。

植物开花
就是为了好看吗?

热情的玫瑰、浪漫的桃花、坚韧的梅花、淡雅的桂花,相信没有人不喜欢这些五颜六色的花吧。正是这些争奇斗艳的鲜花,让我们感受到自然界的缤纷色彩和勃勃生机。

植物开花是为了好看、为了吸引人们的注意吗?其实,开花对植物自身有着极为重要的意义。植物开花并不是为了好看和取悦人类,而是为了繁衍后代。我们在前面说过,花朵是植物繁殖的器官。开花可以帮助植物进行有性繁殖,这个过程通常分为四步。

第1步:开花。植物开花之后,雄蕊的花药(花丝顶端膨大呈囊状的部分)会产生花粉,而花粉中有具有繁殖作用的精子。

第2步：传粉。传粉有两种方式，一种是自花传粉，指的是一朵花雄蕊中的花粉传给同株另一朵花的雌蕊；另一种是异花传粉，指的是一朵花雄蕊的花粉传到另外一朵花雌蕊的子房中。

很多花颜色亮丽，并且有一些香味，可以吸引昆虫过来。昆虫在和花朵接触的过程中，身上会粘上花粉。当昆虫飞到另外一朵花的雌蕊上时，花粉洒落，无形中就完成了传粉的过程。

第3步：受精。经过传粉后，花粉洒落到雌蕊的柱头上，会萌发出花粉管，花粉管沿着花柱向雌蕊的子房内生长，进入胚珠后，便把精子释放出来和卵细胞结合，形成受精卵。

第4步：发育。完成受精的雌蕊子房开始发育，并形成果实，与此同时，雄蕊和雌蕊的花柱开始逐步凋落。

对于苔藓植物、蕨类植物和种子植物，有性繁殖是它们最常见的繁殖方式，占据了绝对的优势。所以，植物开花真的不是为了好看，而是为了繁衍更多的后代。

遇见科学家：孟德尔

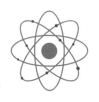

俗话说"种瓜得瓜，种豆得豆"，这是人们早期对于植物的认识，在 19 世纪前，生物学家们对于遗传的认识和理解并不比普通人高明多少。在很长一段时间里，人们都相信"融合遗传"的说法，比如，一朵开红花的植物如果和一朵开白花的植物嫁接在一起，得到的将会是粉色的花。

但是今天的我们都知道，无论植物还是动物，在一代代的繁殖过程中，遗传起到了至关重要的作用，并不是简单的"遗传融合"。而说起遗传学，它的奠基者就是大名鼎鼎的孟德尔。

格雷戈尔·孟德尔（1822—1884）出生于当时欧洲奥地利帝国的西里西亚（今属捷克），父亲和母亲都在农场工作，生活比较贫苦，不过这一点都不妨碍孟德尔对动植物的浓厚兴趣。在童年时期，孟德尔是一名小园丁，还学习了如何养蜜蜂。

1840 年至 1843 年，年轻的孟德尔在奥尔米茨大学的哲学院学习实践和理论哲学、物理学以及数学，不过因为家里实在太过贫困，孟德尔还没毕业就辍学了。

1843 年 10 月，21 岁的孟德尔经推荐进入布隆城奥古斯汀修道院，走上成为神父的道路。除了能够减轻家庭负担以外，他进修道院的另外一个重要原因在于，他能够在不需要自己付费的情况下继续受到教育。

孟德尔进入修道院之后，遇到了影响他一生的人，他就是当时的修道院院长纳普。纳普对农业种植颇感兴趣，并致力于推动农业的发展，他在修道院的园子里栽种了各种植物，并派孟德尔到植物园里研究如何改良植物的品种，而这正好帮助了孟德尔。

在修道院期间，孟德尔也在当地的一所中学教书，教的是自然科学。他专心备课，认真教学，所以很受学生的欢迎。但在 1850 年的教师资格考试中，他因生物学和地质学的知识储备过少而没有通过考试。随后孟德尔被教会派到维也纳大学深造，受到了相当系统和严格的科学教育和训练，这为他后来的科学实践打下了坚实的基础。

1853 年，孟德尔从维也纳大学回到修道院，1854 年被委派到布吕恩技术学校任物理学和博物学的代理教师，也是从这时起他开始着手豌豆实验准备。孟德尔首先从许多种子商那里买来了 34 个品种的豌豆，并从中挑选出 7 个品种用于实验。它们都具有某种可以相互区分的稳定性状，例如高茎或矮茎、圆粒或皱粒、灰色种皮或白色种皮等。

在 1856 ~ 1863 年的八年时间里，孟德尔一共种植了上万株豌豆，他不仅细心照料这些豌豆，还让不同类别的豌豆相互杂交，并记录豌豆不同器官在生长过程中的差别。

孟德尔通过培植这些豌豆，对不同代的豌豆的性状和数目进行细致入微的观察、计数和分析。要知道，运用这样的实验方法需要极大的耐心和严谨的态度。他酷爱自己的研究工作，经常向前来参观的客人指着豌豆十分自豪地说："这些都是我的儿女！"

孟德尔发现，黄色豆子的豌豆株和绿色豆子的豌豆株杂交后，它们的下一代总是黄的。然而再下一代，黄色和绿色豆子的比例则是3∶1。他还观察了豌豆种子、豌豆花和豌豆荚的颜色与形状，结果发现杂交后，上述性质也呈现出类似的规律。 由此，孟德尔提出

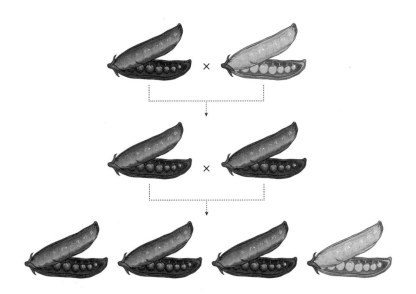

了"显性因子"和"隐性因子"的概念， 并总结出了两个生物遗传的重要定律，它们揭示了生物遗传奥秘的基本规律。

一是分离规律。决定同一性状的成对遗传因子彼此分离，独立地遗传给后代。

二是自由组合规律。确定不同遗传性状的遗传因子间可以自由组合。

1865年，孟德尔公布了自己的研究结果，并且细致描述了研究方法和过程。遗憾的是，由于孟德尔的研究和实验太过超前，当时的很多科学家都跟不上他的思维，所以孟德尔找到的生物遗传规律并没有引起学术界的重视，一直被埋没了35年之久！

但是金子总会发光的！1900年，他的研究成果被三位植物学家重新发现，而这件事也被学术界称为"孟德尔之谜"。孟德尔这位生前默默无闻的现代遗传学先驱，又重新获得了高度评价，他的论文也被公认为开辟了现代遗传学的新纪元。

孟德尔，这个"数豌豆"的人，也被后人尊称为"遗传学之父"。

为什么说"香花不红，红花不香"？

花的香味从哪里来呢？花瓣可以分为表皮、薄壁组织和维管组织三个部分。在薄壁组织中有大量的油细胞存在，这些油细胞能够释放出含有香气的芳香油，又很容易通过花瓣表皮上的腺毛挥发到空气中，因此花才会散发出花香。

植物开花的目的就是结果，繁衍生息。很多时候它们自己无法解决传粉的问题，只能利用独特的色彩和气味来吸引昆虫，帮助它们完成传粉。

生物在进化中普遍都有一种趋势，就是不断舍弃多余的东西，因为它们会消耗能量。很多花朵虽然没有浓烈的香气，但是它们独特的颜色或形态特异的花瓣已经足以吸引昆虫的到来。同样地，那些散发着馨香的花朵更能够依靠这一独特"标志"吸引昆虫。对它们来说，鲜艳的色彩就显得有些多余了。

我们知道，并不是所有的花都是香的。科学家曾对4000多种植物的花进行调查，发现有近80％的花并不香。正如俗话所说："香花不红，红花不香。"花的颜色与气味的浓烈程度是成反比的。在气味香浓的花朵中，白色花朵占的比例是最大的，其次是红色的花朵，占比最少的则是橙色花朵。还有些花甚至还会有臭臭的味道。例如大王花就以奇臭无比著称。

诗词加油站

描写花开的古诗词

粉色的桃花、白色的梅花、红色的玫瑰……不同颜色和大小的鲜花，让这个世界变得如此美丽。古人赞美鲜花时也是不吝笔墨，留下了很多精彩的诗词佳句。

《赏牡丹》
唐 刘禹锡

庭前芍药妖无格，
池上芙蕖（qú）净少情。
唯有牡丹真国色，
花开时节动京城。

《不第后赋菊》
唐 黄巢

待到秋来九月八，
我花开后百花杀。
冲天香阵透长安，
满城尽带黄金甲。

《春日》
宋 朱熹

胜日寻芳泗（sì）水滨，
无边光景一时新。
等闲识得东风面，
万紫千红总是春。

《题都城南庄》
唐 崔护

去年今日此门中，
人面桃花相映红。
人面不知何处去，
桃花依旧笑春风。

《梅花》
宋　王安石

白玉堂前一树梅，为谁零落为谁开。
唯有春风最相惜，一年一度一归来。

《浣(huàn)溪沙·荷花》
宋　苏轼

四面垂杨十里荷，问云何处最花多。画楼南畔夕阳和。
天气乍凉人寂寞，光阴须得酒消磨。且来花里听笙歌。

上面的诗词分别描写了哪些花呢？相信你一定可以读出来。你最喜欢哪种花的颜色和形态呢？

思考题

1. 虽然鲜花很美丽，但其中不乏一些有毒的花，如果误食、误用、接触等很容易中毒，你知道哪些花是有毒的吗？

2. 宋代政治家、文学家王安石有一句诗为"遥知不是雪，为有暗香来"，这句诗说的是哪种花？为何人们能在很远处闻到它的香味？

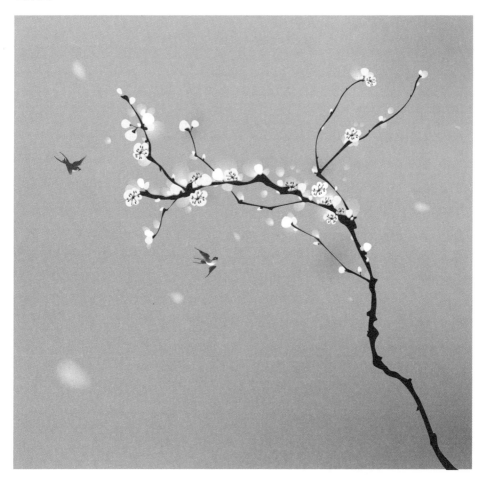

⑤ 落红不是无情物，化作春泥更护花
——落花真的能够变成肥料吗？

"落红不是无情物，化作春泥更护花。"这句诗出自清代诗人龚自珍的《己亥杂诗（其五）》，原诗为：

浩荡离愁白日斜，吟鞭东指即天涯。

落红不是无情物，化作春泥更护花。

诗词赏析

译文：离别京城的愁绪向着日落西斜的远处延伸，马鞭向东一挥，如同人在天涯一般。从树枝上掉下来的落花，并不是没有感情的，它们化作了春天的泥土，滋养着花木的生长。

这诗创作于1839年（农历己亥年），是诗人龚自珍的代表作品。前句表达出诗人在踏上离京之路时，既有离愁，又有洒脱的复杂心情。而后句则借着落红（脱离花枝的花），表达出自己不甘沉沦，始终要为国家效力的顽强性格和献身精神。

诗人小档案

龚自珍

龚自珍（1792—1841），字璱人，号定盦（ān）（一作定庵）、羽琌山民，浙江仁和（今杭州）人。他是清代思想家、诗人、文学家和改良主义的先驱者，27岁中举人，38岁中进士，曾任内阁中书、礼部主事等职，主张革除弊政，抵御外国侵略，曾全力支持林则徐禁除鸦片，后因不断遭到权贵的打击而选择辞官南归。

诗词中的哲理

清道光十九年（1839年），48岁的龚自珍因为厌恶官场，选择了辞官回家，在路上触景生情、思绪万千，创作了315首短诗，本诗是其中第5首，也是最为经典的一首。从诗中我们可以看到，诗人虽已离开腐朽的官场，但依然怀有一颗报国之心，这是一种多么高尚和伟大的情操啊。

虽然我们每个人都很渺小，力量也很有限，但并不妨碍我们向诗人学习他那种无私奉献的爱国精神。无论身处何种环境，在人生的哪个阶段，我们都应该把祖国放在心中。只有祖国强大了，我们每个人才能过得更幸福。

想一想

诗中说到，从花枝上掉落的花会化成泥土，滋养花木的生长。诗人提出这种说法，是否真的有科学依据呢？

每年暮春与晚秋是花、叶纷飞的时节。这些落在地面的花、叶，真的会随着时间流逝变成肥料滋养植物吗？这要从植物吸收营养的方式讲起。

植物是如何吸收营养的？

我们知道叶子可以帮助植物进行光合作用，把二氧化碳和水变成富有营养的有机物，并释放出氧气，但这只是植物进行营养吸收的一种方式。对于植物来说，还有一种获取营养的重要方式——依靠根部从土壤或水中吸收营养。

根是植物最重要的营养器官，植物能够茁壮成长，它可谓功不可没。当种子在土里萌发时，胚根会发育成幼根，突破种皮后垂直于地面向下生长，逐渐形成植物的主根。

当主根生长到一定阶段后，就会像树干生出树枝一样，长出很多侧根。主根、侧根包括茎叶上长出的不定根不断生出分支，就形成了植物的整个根系。

如果观察不同植物的根系，我们能发现，有的植物主根明显比侧根要粗壮，这样的根系被称为直根系；还有的植物主根和侧根没有明显的区别，这样的根系就被称为须根系。

当然，无论是主根还是侧根，都有根尖，这是植物根系吸收营养最主要的部位。根尖从顶端开始依次分为根冠、分生区、伸长区和成熟区。根尖的成熟区会长出细小的根毛，所以也被称为根毛区。根毛可以帮助根系更稳定地固定在土壤中，也能够扩大根系吸收营养的面积。

　　根系从土壤中可以吸收水和无机盐这两种营养，根毛区是吸水最旺盛的部位，根毛越密集，对营养物质吸收越多越好。

　　土壤中的各种营养元素，如氮、磷、钾等，以水作为媒介，通过离子交换、渗透压差等机制被吸收到根的细胞质内，再进一步输送到植物的各个部分，被植物吸收和利用。

　　除了营养吸收以外，植物的根系还有支撑和固着植物的作用。通常来说，越是高大的植物，它的根系会越发达，在土壤中扎得越深，分布得也越广。

落红真的能变成肥料吗?

　　了解到植物的根系可以从土壤中吸收营养后,接下来,让我们再探讨一下诗句中提到的"落红",看看它是否能成为"护花"的肥料。

　　"落红"指的是从枝头落下的花朵,也就是凋零的花。古人认为花以红色为尊,所以落花又被称为落红。

　　在前面的内容中我们说到过,植物开花是为了繁衍,而大多数植物在完成传粉后,只有雌蕊的子房会进一步发育成果实,而其他的部分如花瓣、雄蕊、花柱等都会凋落。

　　无论是花瓣、花柱还是叶片,它们都是天然的有机物,掉落到地面后会逐渐腐烂，随后有很多在土壤中生活的小动物，比如蚯蚓、蚂蚁和蜗牛等，会将它们撕裂或粉碎。同时，土壤中的微生物在一定的温度和湿度条件下，会将破碎的植物残体腐化，分解成土壤中呈黑褐色的胶体物质，即腐殖质。

另外，在植物腐解过程中会产生水和二氧化碳，它们能被植物的光合作用所利用，进而转化为植物生长所需的营养物质。这些营养物质被植物的根重新吸收利用后，就能让植物茁壮生长。

所以，落花的确能够变成土壤中的肥料，保护和滋养植物，为孕育出新的花朵而做出无私的奉献。

从自然界的角度来说，生态系统中的各种物质在不停地循环流动。生物群落和无机物环境之间，物质可以反复地出现并被利用。正因如此，植物、动物、微生物等才能在地球上更和谐地相处，并不断繁衍后代。

遇见科学家：列文虎克

数百年前，人类能看到的最小物体只有头发丝那么宽，对于更小的生物或微生物，并没有太多的了解，直到一位荷兰人发明了显微镜之后，人们才有机会看到更微小的世界，科学研究也有了更广阔的发展空间。荷兰科学家安东尼·范·列文虎克（1632—1723）制作了当时最先进的显微镜，获得了很多重要的发现。

列文虎克出生在荷兰代尔夫特市的一个酿酒工人家庭，他的父亲去世很早，所以他是在母亲的抚养下长大的。年少时，列文虎克没有受过太多的正规教育，15 岁左右，他到阿姆斯特丹的一家布店做学徒工。

当时，荷兰的阿姆斯特丹是一座繁华的城市，店铺林立，各行各业的生意都很繁荣。列文虎克在布店做学徒时，认识了一位附近的老人，这位老人博学多识，并且家里有很多的藏书。列文虎克一有空就去老人的家里看书，在老人的帮助下，他收获了很多有用的知识。

除了看书学习以外，列文虎克还注意到一件事：布店的顾客经常使用放大镜来检查布料的品质。这让列文虎克觉得很有趣，他想：如果能够发明一种放大效果更好的透镜，那该有多好啊！没想到，这个想法在后来真的被他变成了现实。

在阿姆斯特丹待了几年之后，列文虎克回到了老家代尔夫特市，在那里从事市政工作。由于工作比较清闲，列文虎克有很充裕的时间研究透镜。他想通过组合透镜来观察更细小的东西。

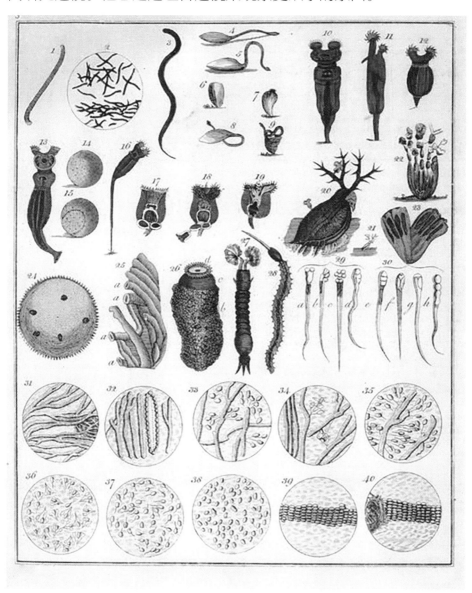

　　功夫不负有心人，列文虎克的勤奋和天赋让他磨制出了前所未有的高质量透镜，不仅效果比放大镜好，而且还能看到很多微小的东西，仿佛新世界的大门一下子被他打开了。

列文虎克一生制作了 400 多个光学透镜。他还制作了至少 25 台不同类型的单透镜显微镜，但其中只有 9 台保存了下来。这些显微镜的镜框是银或铜的，镜框上有手工制作的透镜。他用这些显微镜观察到了此前没有人能够看到的微观世界。例如：1674 年，他开始观察细菌和原生动物，还测算了它们的大小；1677 年，他首次描述了昆虫、狗；1684 年，他准确地描述了红细胞，证明毛细血管是真实存在的。

尽管列文虎克并没有专业科学家的背景，但他的研究得到了当时全欧洲乃至是全世界最权威的科学学术机构——英国皇家学会（全称"伦敦皇家自然知识促进学会"）的认可。

1673 年，英国皇家学会发表了列文虎克的一封信，其中包括他对霉菌、蜜蜂和虱子的微观观察结果。列文虎克一共给英国皇家学会和其他科学机构寄出了 560 封信，即使在生命的最后几周，他仍继续向伦敦寄去充满观察结果的信件。

在最后几封信中，列文虎克对自己的病情做了准确描述。他患有一种罕见的疾病，腹部不受控制地抽搐，现在被称为"列文虎克病"。1723 年 8 月 26 日，列文虎克去世了，享年 90 岁。

列文虎克被誉为"光学显微镜之父"，因为他的贡献，人类对于微生物有了全新的认识。

植物的生命力有多顽强？

"离离原上草，一岁一枯荣。野火烧不尽，春风吹又生……"这是唐代诗人白居易非常著名的一首诗里的名句。诗中极为生动形象地展现了野草顽强的生命力——哪怕是燎原之火，也无法夺去野草对于生命的执着。

抛开将野草拟人化的手法，明明被火烧干净的野草，为什么春天又会重新长出来呢？

我们都知道，植物的生长需要适宜的条件，如充足的阳光、合适的水分、足够的空气、适宜的温度等。所以春天是万物复苏、生机盎然的季节。小草的生命力往往都极为顽强，只要草根没死，不管是在秋冬季枯死的小草，还是被烧过的小草，到了来年春天一定会重新活过来。

其实到了秋季，草木中的水分很容易被干燥的空气吸干，导致叶片枯萎掉落。这时候，但凡有点儿星星之火就足够形成燎原之势了，这也是秋冬时森林、草原易发火灾的原因之一。

一般来说，由于土壤里氧气含量较低，火只能烧到草的表面，而不会烧到其根茎，不仅如此，被烧成灰烬的那部分还有肥料的功效。到了植物发芽生长的春天，埋藏在泥土里的根就可以通过吸收其中的养分重新茁壮生长。

在自然界里，有些植物在秋冬季一不小心就会出现自燃的现象，虽然地上干枯的部分被燃尽，但地下的根茎部分依然可以储藏营养、保持活力。等到来年冰雪融化后，这些植物就会在春风的吹拂下再次生长。

看到这里，你是不是也会感叹植物生命力的顽强呢？的确，很多植物看起来很柔弱，其实却具有强大的生命力，着实令人敬佩。

是不是植物的寿命都很长？

"活着一千年不死，死后一千年不倒，倒后一千年不烂"，这是对沙漠胡杨顽强生命力的夸赞。

除了胡杨，长寿的植物还有很多。安徽黄山的迎客松、陕西黄陵的轩辕柏、北京景山的二将军柏等，都是我国的著名古树。植物从最初的一粒小种子饱经风霜后生长成为参天大树，其要经历的时间是十分漫长的。

要说长寿的植物，主要分布在非洲和亚洲热带地区的龙血树就是其中的佼佼者。一般来说，龙血树的寿命可以达到几千年之久。当龙血树受到损伤时，创伤处会流出深红色如同血浆一般的黏稠液体，因此得名龙血树。

寿命能达到几千年的植物还有银杏树，银杏不仅长寿，更为奇特的是，它的性状在历经沧海桑田后能够保持不变。

当然，除了那些长寿的植株外，有些植物的种子也十分长寿。莲的种子就可以存活数百年乃至千年之久，这些种子经过培育后依然可以发芽开花，也就是我们常见的荷花。

不过，植物家族中也有短命的。在非洲撒哈拉大沙漠中，生存着一种名叫短命菊的植物，听名字就知道这种植物的存活周期不长。短命菊又称"齿子草"，由于沙漠中特殊的自然环境，短命菊为了保存水分，形成了迅速生长的特性。只要有降雨，甚至地面略微湿润，短命菊就迅速发芽生长，但整个生命周期只有短短的三四个星期。

可见，虽然都是植物，不同种类的植物寿命相差巨大。比如，同样生活在沙漠，胡杨和短命菊的存活时间有几千年的差距。

诗词加油站

描写树木的古诗词

我们在很多古诗词作品中，都能读到作者对于树木的描绘。除了代表春天的柳树，还有哪些经典诗词里写到了树木呢？让我们来一起欣赏一下吧。

《白樱树》
唐 于邺（yè）

记得花开雪满枝，
和蜂和蝶带花移。
如今花落游蜂去，
空作主人惆怅诗。

《咏棕树》
唐 徐仲雅

叶似新蒲绿，
身如乱锦缠。
任君千度剥（bō），
意气自冲天。

《石榴树》
唐 白居易

可怜颜色好阴凉，叶翦（jiǎn）红笺（jiān）花扑霜。
伞盖低垂金翡翠，熏笼乱搭绣衣裳。
春芽细炷千灯焰，夏蕊浓焚百和香。
见说上林无此树，只教桃柳占年芳。

《榕树》
宋 杨万里

直不为楹（yíng）圆不轮，
斧斤亦复赦（shè）渠薪。
数株连碧真成菌，
一胫（jìng）空肥总是筋。

《南轩松》
唐 李白

南轩有孤松，柯叶自绵幂（mì）。
清风无闲时，潇洒终日夕。
阴生古苔绿，色染秋烟碧。
何当凌云霄，直上数千尺。

《天净沙·秋思》
元 马致远

枯藤老树昏鸦，小桥流水人家，古道西风瘦马。
夕阳西下，断肠人在天涯。

在上面这些诗词中，你最喜欢作者描写的哪种树木呢？如果让你写一首诗词，你最想描写哪种树木？

思考题

1. 植物的根具有吸收营养和支撑、固着植物的作用，那么是不是比较矮小的植物根系就一定不发达呢？

2. 试着从种下一粒种子开始，记录植物的生长过程，做一份植物观察笔记吧。

⑥ 儿童急走追黄蝶，飞入菜花无处寻

——蝴蝶是如何保护自己的？

"儿童急走追黄蝶，飞入菜花无处寻。"这句诗出自宋代诗人杨万里的《宿新市徐公店·其一》一诗，全诗为：

篱落疏疏一径深，树头新绿未成阴。

儿童急走追黄蝶，飞入菜花无处寻。

诗词赏析

译文： 稀稀疏疏的篱笆旁，有一条小路通向远方，路旁树上的嫩叶刚刚长出，还没有形成树荫。小孩奔跑着追赶一只黄色的蝴蝶，可蝴蝶飞入菜花丛里，就再也找不到了。

我们可以看出这是一首描写暮春农村景色的诗歌。由远到近、由静到动、由景到人，通过稀疏的篱笆、树木的嫩芽、奔跑的儿童和盛开的油菜花等细节，描绘出一派春意盎然的景象。整首诗朴实无华，虽没有华丽的词语，却把农村生活自然清新的一面展现得淋漓尽致。

杨万里

杨万里（1127—1206），字廷秀，吉州吉水人，南宋著名诗人，与陆游、尤袤、范成大并称为"中兴四大家"。因宋光宗曾为他亲书"诚斋"二字，故有人称其为"诚斋先生"。相传杨万里一生作诗两万多首，传世作品极多，被誉为"一代诗宗"。他创造了语言浅近明白、清新自然、诙谐幽默，富有情趣的诗体"诚斋体"。

诗词中的哲理

本诗创作于宋光宗绍熙三年（1192年）。诗题中的"新市"位于临安（今浙江杭州）和建康（今江苏南京）之间，这里水路环绕，景色优美。当时杨万里恰巧离开临安前往建康任职，途经这里，触景生情，便写了这组诗。

美好的春光就像飞入油菜花中的蝴蝶，想要再找回来的确很难。人生也是如此，年轻的时候如果不懂得珍惜时光，等到老了之后，难免会感到后悔。正所谓"少壮不努力，老大徒伤悲"，同学们一定要珍惜当下的时光，不要把时间浪费在毫无意义的事情上。

油菜的别名叫作芸薹，每年 3~4 月开花，5 月结果，是主要油料植物之一，自宋代开始，人们就用油菜花来榨油。油菜花到了花季是非常漂亮的，金灿灿的一片。

蝴蝶是黄色的，飞入金灿灿的油菜花丛中，难怪追蝴蝶的小孩找不到了。黄色的蝴蝶"藏"到金黄色的油菜花丛中，只是一种巧合吗？如果并非巧合，其背后有哪些科学原理呢？

蝴蝶身上的颜色从哪里来？

古往今来，很多诗句都形象地展现出蝴蝶的美丽和轻盈。五彩缤纷的蝴蝶在鲜花丛中轻舞，构成一道道美丽的风景线。那么蝴蝶身上的颜色是从哪里来的呢？

在显微镜下，我们可以清晰地

看到蝴蝶的翅膀上生长着很多粉状鳞片，每个鳞片上有一个小柄，插在透明无色的翅膀膜上，紧密地排列在一起。它们宛如屋顶上的瓦片一样均匀有序地排列整齐，组成五彩斑斓的图案。

这些附着于翅膀膜上的鳞片很容易脱落。它们内含无数彩色的颗粒状色素,这些色素会形成色素色,又叫化学色。蝴蝶身上的黑色、黄色、红色和绿色等颜色，就是由这些鳞片内的色素决定的。

例如，黑色素使蝴蝶的翅膀呈现出深沉的墨色、褐色、黄褐色和红褐色等色彩。再如， 类胡萝卜素、花青素、花黄素能够让蝴蝶的翅膀产生黄色、红色、橘红色。当鳞片上色素颗粒的化学性质改变时，色素就会因化学作用而改变，产生浓淡变化甚至消失殆尽。

还有一些鳞片形状不同，有细长的、圆形的、三角形的，每个鳞片有多条脊纹，这些脊纹具有很好的折光性能。这些鳞片含有的是结构色，也叫物理色。物理色是由于不同的光线照射在蝶体鳞片的不同结构上时，发生反射、折射所形成的。鳞片上还有一种颜色是结合色，也叫合成色，是指色素色和结构色在同一位置上时呈现出的色彩。

蝴蝶是如何保护自己的?

在自然界的各种动物中，蝴蝶无疑是相对比较弱小的，通常无法对其他动物造成伤害，甚至在昆虫的大家族里都属于"手无寸铁"的那一类。所以，蝴蝶想要生存，必须学会保护自己。那么蝴蝶是如何保护自己的呢?

首先是隐藏，这是动物保护自己最直接有效的方式，蝴蝶也不例外。当蝴蝶的幼虫从卵壳中蹒跚而出时，它们会先躲避在卷叶中，观察这个崭新的世界。而当它们迎来成熟时，会远离这一植物，在其他更隐蔽的地方化蛹等待。成年的蝴蝶在飞行时极力炫耀翅面，在停歇时则将翅面藏起来，只露出灰暗的后翅，以免被天敌发现。

除了隐藏以外，拟态也是一些蝴蝶常用的自我保护方式。所谓拟态，指的是一种生物模拟另一种生物或环境中的其他物体从而获得好处的现象。

　　许多凤蝶的小幼虫会把自己打扮成鸟粪的模样。而许多蝴蝶还拥有着眼斑，模仿蛇或豹的眼睛，向凶悍的天敌大胆示威。像枯叶蝶这样的"智将"，则用蝶翼反面模仿枯叶，在树枝上做枯叶的"双胞胎"。

　　蝴蝶还擅长通过颜色来保护自己，主要有两种颜色，一种是警戒色，一种是保护色。警戒色通常是比较醒目的颜色，目的是告诉捕食者："我是有毒的，离我远点！"比如黑脉金斑蝶，它的翅膀是醒目的亮黄色，很远就能看到，而它的体内也的确存在毒素。

　　保护色则是属于跟环境很接近的颜色，可以使动物更容易隐藏自己。比如"飞入菜花无处寻"中的黄蝶，我们可以推测这种蝴蝶属于粉蝶类（粉蝶科）的菜粉蝶。菜粉蝶在成年阶段喜欢采食菜花的花蜜和花粉，而油菜花是金黄色的。所以菜粉蝶为了保护自己不被天敌发现，在漫长的进化过程中，只有黄色的菜粉蝶存活了下来，其他颜色的都被天敌吃掉了。

　　所以说，"儿童急走追黄蝶，飞入菜花无处寻"是有一定科学道理的，它反映出动物的部分特征既是大自然选择的结果，也是动物生存的必然要求。

昆虫的生长过程是怎样的?

　　很多同学都特别喜欢翩翩起舞的蝴蝶,但说起毛虫,大多数小朋友会觉得它丑丑的,甚至不愿靠近。但是你知道吗?毛虫虽然不招人喜欢,但却是蝴蝶的"童年模样"。

　　养过蚕的人都知道,当蚕宝宝长到足够大以后便不会再继续生长,它们会吐出晶莹细密的蚕丝,将自己包裹在蚕茧里。在蚕茧里,蚕宝宝白嫩的身体会逐渐变为褐色的蛹。等到破茧而出的时候,蚕已经长出了翅膀,变成了白色的飞蛾。羽化的飞蛾交配后会产下新的蚕卵,等待着下一次的孵化。

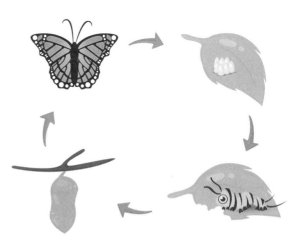

自然界中的很多昆虫都和蚕一样，它们的身体发育会经历四个不同的阶段，分别是卵、幼虫、蛹、成虫。在这四个阶段里，只有成虫阶段的昆虫具有飞行和繁殖能力，如蝴蝶就是毛虫的成虫，而毛虫就是蝴蝶的幼虫。昆虫的这种发育过程被称为完全变态发育。

　　在蛹化过程中，昆虫会停止进食，外皮变厚，形成一个封闭的蛹，而其外部身体形态、内部生理结构和生活习性也在此时发生显著变化。化蛹是昆虫家族上亿年来进化的结果，许多昆虫的蛹还能够抵御恶劣自然环境带来的伤害，给昆虫提供安全的生长空间。

　　和蝴蝶、飞蛾所不同的是，自然界也有很多昆虫并不会经历明显的四个阶段的发育。比如，我们熟悉的蝗虫，它的发育就只存在卵、若虫和成虫三个阶段，这种不经历蛹阶段的发育类型叫作不完全变态发育。蝗虫的若虫与成虫外形相似，只是翅膀和生殖系统都没有发育完全，随着一次次蜕皮，若虫最终发育完全，才会成为有繁殖能力的成虫。

遇见科学家：法布尔

说起研究昆虫的科学家，很多人首先想到的都会是法布尔，他是法国著名的昆虫学家、文学家、博物学家，著有《昆虫记》。不知道你是否听过法布尔的经历呢？

让－亨利·卡西米尔·法布尔（1823—1915）出生在法国南部普罗旺斯圣莱昂的一户农家里。法布尔2岁的时候，由于母亲要照顾刚出生的弟弟，他不得不被寄养在祖父母家。而祖父母家是一座大农场，这让法布尔的童年过得非常快乐。

小时候的法布尔是个好奇心很重且记忆力很强的孩子，经常在乡间追逐蝴蝶或萤火虫，观察各种小动物，睡前还喜欢听祖母讲各种有趣的故事。而在寒冷的冬夜，小法布尔经常抱着绵羊睡觉。

7岁的时候，法布尔回到父母身边，并在当地的一所私人学校里学习。在上课的时候，经常会有小鸡、小狗跑进教室，这让他感到非常有趣。在此期间，法布尔还帮着家里照顾鸭子，把它们赶到沼泽地放养，并在沼泽中发现了各种有趣的生物及矿石。

10岁后，法布尔跟随家人开始了漂泊的生活。他的父亲先后在不同的城市做咖啡店生意，但均告失败。法布尔便是在这段时间里学习了拉丁语、希腊语。

15 岁时，法布尔辍学过一段时间，以卖柠檬和做铁路工人而自食其力。但他没有放弃学习和阅读，经常用自己微薄的收入购买图书，带到原野上阅读，并以认识各种昆虫为一件乐事。

19 岁左右，法布尔考入了一所师范学校，用了两年的时间修完了三年的课程。毕业后，他在一所小学担任老师，开始了自己漫长的教师生涯。法布尔热爱教学，深受孩子们的喜爱。而在教学之余，他也在继续学习各种知识。

25 岁时，法布尔凭借自己的努力获得了蒙彼利埃大学的物理学学士学位，并于次年到科西嘉岛（法国东南部的一座岛屿）的一所学校担任物理老师。岛上丰富的物种和绮丽的自然风光让他重新拾起了观察昆虫和植物的爱好。

法布尔相继发表了关于昆虫的各种论文，并得到了达尔文的赞赏。达尔文在 1859 年《物种起源》出版时，盛赞法布尔是一位"罕见的观察者"。就在这一年，36 岁的法布尔辞去了工作，全家在法国南部的奥朗日定居下来，一住就是十多年。法布尔全家七口人，生活并不富裕，于是他开始撰写科普书籍来养活家人。

54 岁时，法布尔遭遇了人生的一个重大打击：和他一样热爱大自然的次子朱尔因病离世，年仅 16 岁。朱尔的骤然离去，让法布尔悲痛万分，身体也大不如前。朱尔离世的第二年，法布尔还感染了肺炎，差点死去，但凭借顽强的意志力挺了过来。

1879 年，56 岁的法布尔再次搬了家，买下了带有一块荒地的房子，叫作荒石园。他在荒石园观察各种昆虫，出版了第一卷《昆虫记》，以纪念早逝的儿子。后来他还将自己发现的三种蜂类用儿子朱尔的名字命名。

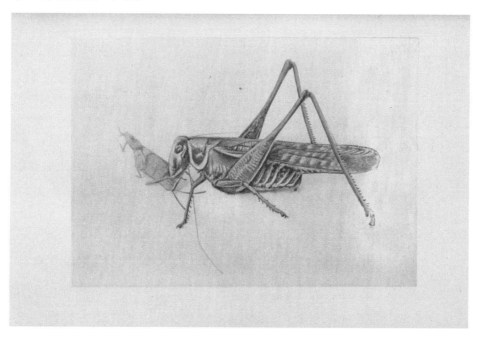

《昆虫记》第一卷的出版引起了轰动，因为这是第一本如此详细有趣地介绍昆虫的科普读物。在那个时期，很多科普读物都可以被指定为学校的教科书，其中就包括了《昆虫记》第一卷。

法布尔凭借《昆虫记》第一卷一举成名，而且也极大地缓解了他的经济压力，他可以全身心投入到对昆虫的观察与实验中，写下了一卷又一卷《昆虫记》。法布尔在59岁完成了第二卷，63岁完成第三卷，68岁完成第四卷，74岁完成第五卷，76岁完成第六卷，77岁完成第七卷，80岁完成第八卷，82岁完成第九卷，84岁完成第十卷！他用了近30年，耗费了毕生的精力，完成了《昆虫记》这部不可思议的巨著。

《昆虫记》共记录了蟋蟀、蚂蚁、西绪福斯虫等100多种昆虫。每一卷分17~25个章节，每个章节详细、深刻地描绘了一种或几种昆虫的生活，同时收录了法布尔回忆往事的传记性文章。1915年，法布尔与世长辞，享年92岁。

昆虫为什么会蜕皮？

你听说过"金蝉脱壳（qiào）"这个成语吗？知道什么是蝉蜕（tuì）吗？这是一味外形像蝉，但是里面中空的中药，其实就是蝉蜕下来的皮。

在夏季的傍晚，树林里大片大片的蝉开始蠢蠢欲动了。它们从土壤里爬出来，爬到高高的树干上开始蜕皮，蜕皮完成之后，蝉就进入了成虫阶段，你就能听到"知了、知了"的叫声了。那么，为什么像蝉这样的昆虫会蜕皮呢？

蜕皮是很多昆虫生长发育所必须经历的阶段，蜕下的皮就是保护它们身体的外骨骼。因为要保护柔软的身体，所以昆虫的外骨骼非常坚硬，在一定程度上会束缚它们的生长发育，因此在昆虫的成长过程中，总要经历几次蜕皮。蜕皮完成后，趁着新的外骨骼还没有完全硬化，昆虫可以自由自在地生长。

昆虫在蜕皮的时候会分泌一种能够溶解外骨骼的酶，外皮变软之后，幼虫就像我们人类平时脱衣服那样，将厚重的皮蜕掉，然后又长出新的外骨骼。所以在昆虫发育很快的幼虫时期，蜕皮是比较频繁的。完全变态发育的昆虫在蜕皮之后会进入蛹期，例如蝴蝶、蛾子；而不完全变态发育的昆虫的体形在蜕皮后就基本确定下来了。

蜕皮使昆虫打破限制，轻松成长。在我们成长的过程中，也要像昆虫那样，时不时地整理包袱，轻松上路。

昆虫的身体有哪些结构？

独特的身体结构是昆虫与众不同的地方之一，为了生存和繁衍后代，昆虫在漫长的进化过程中形成了现在的模样。那么，它们的身体有哪些基本特征呢？

昆虫属于节肢动物的一员，它们的身体通常分为头部、胸部和腹部三个部分，也就是说它们的身体就像竹子那样，是一节一节的。

昆虫的头部位于身体的最前端，通常头的前上方长有触角。触角就像老式电视机的两根小天线一样，用来接收信号和感知环境的变化。不同昆虫触角的形状也各不相同。

一对复眼长在头的两侧，就像是两个探测仪，主要用来观察周围的事物。位于复眼中间的单眼则起到了辅助复眼的作用。

作为动物界最庞大也是最旺盛的家族，昆虫取食的方式可谓千奇百怪，但都需要口器的帮忙。口器就像是人类的嘴巴一样，是昆虫主要的摄食器官；大多数昆虫都有两对翅膀和三对足，这是判断某种小动物是否属于昆虫的直接方法之一；控制昆虫身体运转的很多重要器官都长在腹部，比如心脏、胃、肠和生殖器官等。

"麻雀虽小，五脏俱全"，昆虫小小的身体里合理地分布着维持生命正常运转的各个器官。这些特征是所有昆虫的共性，当然，根据种类的不同、生存状态的差异，每种昆虫都会有自己的独特之处。

哪些虫子常被误认为是昆虫?

通过前面的学习，我们了解了昆虫的基本特征，根据它们的身体结构，我们可以分辨一些常见的昆虫。但由于知识的局限，有人还是凭感觉辨别昆虫。你知道哪些动物经常被误认为是昆虫吗?

几种最常被当成昆虫的有蜘蛛、蜗牛、蝎子、蚯蚓和蜈蚣等。昆虫的基本特征概括起来是：躯体3段，头、胸、腹；一般有2对翅膀，3对足；1对触角头上生；骨骼包在体外部；一生形态多变化，遍布全球家族旺。我们可以根据上述特征判断某种动物是不是昆虫。

昆虫纲以前被叫作"六足虫纲"，这是因为属于昆虫纲的昆虫都有且只有6条腿，而蜘蛛有8条腿；蜈蚣是典型的多足动物，有22对足；蝎子因品种不同足的数量也不同，但都超过了3对，单单这一点就可以把它们排除在昆虫之外了。其实蜘蛛、蜈蚣和蝎子同属节肢动物门，但分别属于和昆虫纲并列的蛛形纲、多足纲。

再比如蜗牛，它们是萤火虫最爱的食物。因为它们像一些昆虫的幼虫一样可以爬行而且体形"娇小"，所以造成了很多人的误解。其实蜗牛重重的壳下面是软软的身体，它们属于软体动物门的腹足纲。

而蚯蚓的特征介于软体动物和线虫动物之间，属于环节动物门的寡毛纲。

同学们要牢记昆虫的特征，以后可不要再把蜘蛛、蜗牛当作昆虫了。

昆虫是如何繁衍后代的?

无论是植物还是动物，繁衍后代都是其本能，昆虫们也不例外。通常来说，昆虫繁衍后代的方式有以下三种。

第一种是两性生殖，也叫两性卵生，是大多数昆虫的繁衍方式。该方式主要通过雌雄交配产生受精卵，每个卵再进一步发育成为幼虫、成虫。例如蝴蝶、蛾类、蜻蜓等昆虫都采用这种繁殖方式。

第二种是单性生殖，也叫孤雌生殖，即雌虫不需要交配或受精，就可以产生新的个体，例如蜜蜂、蓟马等。不过很多单性生殖的昆虫也能进行两性繁殖，蜜蜂即是如此。

第三种是胎生，主要是卵胎生，指动物的卵在体内受精、发育的一种生殖形式，如一些蝇类等。

多数昆虫会采取各种方式来保护自己的卵。例如，有的昆虫会把卵产在地面以下，使卵避开危险; 还有的昆虫会把卵产在食物旁边，这样卵孵化成幼虫后，幼虫就很容易获取到食物。

比如准备排卵的菜粉蝶，如果碰到低矮的植物，就会自然地靠近它。倘若确认对方是寄主植物，它就会悄然停下，在上面产下一粒卵后飞离。为什么菜粉蝶能够分辨出孰是寄主植物呢?

这是因为寄主植物中含有一种名为芥子油苷的化学感应物。只要菜粉蝶感知到了这种成分的存在，便会确认它是自己在寻找的寄主植物，并在上面产卵。卵孵化成幼虫后，便开始吃寄主植物的叶子。

而蜻蜓的卵和幼虫是在水中孵化与成长的。为了繁衍后代，蜻蜓要把受精卵排到水中，这就是我们会看到"蜻蜓点水"的原因。受精卵到了水中会附着在水草上，不久便会孵化出幼虫。

蜻蜓的幼虫叫作"水虿（chài）"，虽然它们也有 3 对足，但没有飞翔用的翅膀。它们的下唇很长，可以伸长变成小钳子，捕捉同样生活在水里的蚊子的幼虫。等时机成熟，水虿会从水里爬出开始羽化，最终变成蜻蜓的模样。

诗词加油站

描写昆虫的古诗词

在古代诗词当中，富有生机的昆虫也是常被描写的对象，尽管大多数昆虫的生命较为短暂，但在诗词里，它们能活跃千年。

《夜书所见》
宋 叶绍翁

萧萧梧叶送寒声，
江上秋风动客情。
知有儿童挑（tiǎo）促织，
夜深篱落一灯明。

《蝉》
唐 虞世南

垂緌（ruí）饮清露，
流响出疏桐。
居高声自远，
非是藉（jiè）秋风。

《蜂》
唐 罗隐

不论平地与山尖，
无限风光尽被占。
采得百花成蜜后，
为谁辛苦为谁甜？

《曲江二首》（节选）
唐 杜甫

穿花蛱蝶深深见，
点水蜻蜓款款飞。
传语风光共流转，
暂时相赏莫相违。

《秋夕》
唐 杜牧

银（一作红）烛秋光冷画屏，
轻罗小扇扑流萤。
天阶夜色凉如水，
坐（一作卧）看牵牛织女星。

《望江南·江南蝶》
宋 欧阳修

江南蝶，斜日一双双。身似何郎全傅粉，心如韩寿爱偷
香。天赋与轻狂。
微雨后，薄翅腻烟光。才伴游蜂来小院，又随飞絮过东墙。
长是为花忙。

亲爱的同学们，你们平时喜欢观察昆虫吗？在上面这些诗词
中，你们最喜欢哪首呢？

1.动物界中有很多动物依靠拟态、警戒色或保护色来保护自己，你能说出几种吗？

2.有的蝴蝶翅膀上会有类似眼睛一样的图案，被称为眼斑，你知道它对于蝴蝶来说有什么意义吗？

⑦ 明月别枝惊鹊，清风半夜鸣蝉

——什么是生态系统和生物链？

"明月别枝惊鹊，清风半夜鸣蝉。"这句诗出自宋代词人辛弃疾的《西江月·夜行黄沙道中》，词作原文为：

明月别枝惊鹊，清风半夜鸣蝉。

稻花香里说丰年，听取蛙声一片。

七八个星天外，两三点雨山前。

旧时茅店社林边，路转溪桥（一作溪头）忽见。

诗词赏析

译文： 皎洁的月光从树枝间掠过，枝头上的喜鹊受惊飞走了，清凉的晚风吹来，仿佛能听到蝉在远处鸣叫。田里的稻花飘香，蛙叫声此起彼伏，似乎在告诉人们今年是一个丰收年。

天边有几颗忽明忽暗的星星，点点细雨在山前下了起来。往日的小草屋还在土地庙的树林旁，沿着道路转个弯，走过一座桥，它便忽然出现在眼前。

这首词用细腻的语言描写了黄沙岭的夜景，通过视觉、嗅觉、听觉等角度，描写了明月清风、鹊惊蝉鸣、稻花飘香、细雨疏星等景象，展现出夏夜乡村田野的优美和丰收带给作者的喜悦。整首词作宛如一幅优美的风景画，生动逼真，恬静自然。

辛弃疾（1140—1207），原字坦夫，后改字幼安，号稼轩，历城人，南宋词人。辛弃疾出生时，中原已为金兵所占，他21岁参加抗金义军，历任湖北、江西、湖南、福建、浙东安抚使等职，几乎一生都在为国抗金。辛弃疾的词题材广泛，既有抒发爱国热情的词作，也有歌颂祖国山河的词作，风格豪迈中又不乏细腻。因此，他被人称赞为"词中之龙"。

诗词中的哲理

辛弃疾一生爱国，却壮志未酬。1181年（宋孝宗淳熙八年），他受到奸臣排挤，被免去官职，回到江西上饶带湖隐居。他在这里生活了近十五年，留下了不少词作，而《西江月·夜行黄沙道中》便是他中年时期经过上饶黄沙岭道时所写。

无论是天空气象，还是植物动物，大自然的美是任何画卷都无法比拟的，自然界的生动活泼也是令人惊奇的。生活在都市里的我们，不妨多到大自然中去感受一下，这样既能拓宽我们的视野，也能让浮躁或抑郁的内心变得恬静起来。

词中讲到，明月升起，惊动了树枝上的喜鹊；清风徐来，树上的蝉发出鸣叫声。这些描写是不是能带给你强烈的画面感？

不过也有同学表示怀疑："清风和蝉鸣之间，有什么关联呢？"生物是如何应对环境变化的呢？让我们先从生物的生态系统说起。

什么是生物的生态系统？

　　在生物学上，有一个特别重要的概念，那就是生态系统。生态系统指的是：生物群落中的各种生物之间，以及生物和周围环境之间相互作用构成的整个体系。

　　小到湖泊里的一滴水，大到整个生物圈，地球上有大大小小、各种各样的生态系统，上百万种植物、动物和微生物存在于地球的生态系统中。

　　地球上的生态系统可以分成陆地生态系统和水域生态系统。而根据环境的不同，陆地生态系统可以分成森林生态系统、草原生态系统、农田生态系统等；水域生态系统又可以分为淡水生态系统和海洋生态系统。

　　在一个生态系统中，通常包括了两个部分：非生物部分和生物部分。非生物部分包括阳光、水、空气、土壤等，为生态系统内的生物提供物质和能量。而生物部分通常包括生产者、消费者和分解者。生产者通常指的是自养型的生物，主要是绿色植物及能进行化能合成作用的硝化细菌等。消费者指的是生态系统内的各种动物，它们的生存都直接或间接依赖生产者所创造出的有机物质，并且相互之间可能存在捕食或竞争关系。分解者指的是生态系统中的微生物，例如细菌、真菌等，它们可以帮助分解有机质。

《西江月·夜行黄沙道中》描述的正是一个典型的农田生态系统。通过前面的介绍，我们可以知道，水稻、树木等是这个系统中的生产者；喜鹊、蝉、青蛙是系统里的消费者；而隐藏在稻田里、土壤中的微生物，是系统中的分解者。

当然，这个农田生态系统还包括了非生物部分，如水、空气、土壤等。而在生物部分中，除了树、水稻、喜鹊、蝉、青蛙，还有很多的生物存在于其中，你能想到哪些呢？

 # 什么是生物链？

生物想要生存和成长，营养是最重要的基础。在大多数生态系统中，生物之间存在着捕食和被捕食的关系，形成了物质变换和能量转化的链式结构。

比如，植物是植食动物和昆虫的食物，植食动物是肉食动物的食物，一些肉食动物又是另一些肉食动物的食物，这种层次结构展现出一个互为依存的生物链，也可以理解为自然界的食物链。

在一个生态系统中，生物链可能是非常复杂的，我们以《西江月·夜行黄沙道中》这首词所写到的农田系统为例，其中树木、水稻、杂草等植物从环境中吸收营养，长出花、叶和果实，是生物链中的生产者。

有了植物作为营养基础，昆虫、老鼠和小型植食动物便有了食物来源，可以大量繁殖，于是它们成了系统内的一级消费者，也叫初级消费者。

紧接着，初级消费者会面临次级消费者的捕食。次级消费者通常指的是小型肉食动物和杂食动物，比如捕食昆虫的青蛙、以蚜虫为食的瓢虫等。

有趣的是，像喜鹊等一些鸟类，它们既吃植物的种子，也捕食昆虫，所以它们既属于一级消费者，也属于二级消费者。

食物链中的三级消费者，是指捕食次级消费者的肉食动物，比如田间的蛇，它会以青蛙、老鼠等为食，此外也包括狐狸、狼等野生动物。

食物链中的四级消费者，也是顶级消费者，是捕食三级消费者的肉食动物，比如狮、虎、豹、鹰等猛禽猛兽，也包括海洋中的<u>鲨鱼</u>。

生物链造成了大自然中"一物降一物"的现象，维持着物种间天然的数量平衡。细心的同学可以发现，有树的地方常有鸟，有花草的地方常有昆虫。植物、昆虫、鸟和其他生物因为食物链而相互依赖和制约，形成了一个稳定的体系。

如果我们打破一个生态系统中的任意一环，会有怎样的后果？请你想一想。

生物是如何应对环境变化的？

在自然界中，弱肉强食是一个普遍存在的现象，越是靠近生物链底层的生物，越容易被更高级别的消费者所捕食。所以，生物在进化过程中，会逐渐形成应对环境变化的自我保护机制。

你一定听说过含羞草吧？这是一种常见的热带植物。如果你轻轻地触碰它的叶子，它就会立即害羞般地把叶子收拢起来。如果你再碰一下，它的整个叶柄都会垂下来。

植物学家发现，含羞草的这种奇特反应，是为应对环境变化而产生的。含羞草最早生长在南美洲的巴西，那里经常会有大风大雨天气。在这样的气候环境下，含羞草为了生存，慢慢进化出一种行为方式：每当第一滴雨打到它的叶子时，它会立即将叶片闭合，叶柄下垂，以躲避狂风暴雨的伤害。

含羞草的这种自我保护方式还表现在，只要动物稍一碰它，它就合拢叶子，有的动物看到这种情况，也就不敢再吃它了。

在生物学上，把生物体在遇到外界刺激下产生的本能反应称为应激性反应。应激性反应可以使生物避免遭受伤害或获得一定的好处，而含羞草收拢叶片的反应，就是典型的应激性反应。

说到这里，相信有些同学还不知道，清风吹过，当受到温度、光照变化等刺激时，蝉会发出鸣叫，这也被视为一种应激性反应。

在《西江月·夜行黄沙道中》这首作品中，还有一句"听取蛙声一片"，描绘出田里青蛙热闹非凡的"大合唱"，着实活泼有趣。"蛙声一片"的背后其实是雄蛙通过鸣叫，来吸引雌蛙前来抱对，属于求偶行为。

不过，如果此时有人或其他动物靠近，青蛙感知到动静后会迅速停止鸣叫，这是青蛙对环境的一种适应行为，是对外界刺激做出的应激性反应。

总之，面对外界出现的各种刺激，如光、温度、声音、食物、化学物质、机械运动、地心引力等，生物都会做出动态反应。这是生物进化过程中形成的一种自我保护机制。

遇见科学家：巴甫洛夫

动物对于外界刺激的反应是生来就有还是后天形成的？这个问题引起了一位科学家的兴趣，经过长时间的研究，他创立了条件反射学说。这位科学家就是赫赫有名的巴甫洛夫。

伊万·彼得罗维奇·巴甫洛夫（1849—1936）是苏联著名的生理学家、高级神经活动学说的创始人、条件反射理论的建构者。

巴甫洛夫出生在小城梁赞，他的父亲是一位乡村牧师，母亲有时在富人家做女佣以贴补家用。巴甫洛夫是父母5个子女中的长子，从小热爱学习，兴趣广泛，一有空就爬到阁楼上读书。

15岁时，巴甫洛夫从中学毕业，进入了当地的一所神学院，准备做一名传教士。但是，恰恰在这个时期，他读到了著名哲学家皮萨列夫和生理学家谢切诺夫的著作，并且了解了达尔文的进化论，由此，巴甫洛夫对自然科学产生了浓厚的兴趣，逐渐放弃了神学。

1870年，21岁的巴甫洛夫和弟弟一起考入圣彼得堡大学学习动物生理学。当时，谢切诺夫正是这所大学的生理学教授。

巴甫洛夫在大学的前两年表现平庸，从大学三年级开始对生理学和实验产生了浓厚兴趣，把所有精力投入到生理学的研究中。为了使做实验更得心应手，他不断练习，渐渐地，相当精细的手术他也能迅速完成。老师很欣赏他的才学，常常叫他做自己的助手。

由于生活比较清贫，他需要给别人做家庭教师才能维持日常生活。为了节省车费，他会走很远的路去给别人补习功课。巴甫洛夫在大学里以生物生理课为主修课，学习十分刻苦。大学四年级时，他和同学合作，完成了关于胰腺的神经支配的第一篇科学论文，获得了学校的金质奖章。

1875 年，26 岁的巴甫洛夫获得生理学学士学位，随后他选择进入帝国医学外科学院继续攻读博士。三年后，他被邀请到著名外科医生波特金的团队中主持生理实验的工作，主要做血液循环、消化生理和药理学等方面的研究，持续了十余年。

1883 年，巴甫洛夫发表了论文《心脏的传出神经》，阐述了有关神经在生理活动中具有重要地位的观点。同时他还发现，由于反射作用，循环器官能够实现自我调节。这些都是前所未有的发现，巴甫洛夫也因此顺利取得医学博士学位。

1886 年，巴甫洛夫在德国进修两年后回到了自己的实验室，他开始把研究方向转到消化系统上，并经常以狗作为实验对象研究狗的消化系统。有一次，他和助手无意间发现了一个有趣的现象——狗在见到食物时，唾液的分泌量就会显著增加。

巴甫洛夫通过实验还发现，如果进入狗口中的食物是湿的，狗分泌的唾液就少些；如果食物是干的，分泌的就多些。这种反射活动是狗和其他许多动物生来就有的，巴甫洛夫称它为非条件反射。

巴甫洛夫做了一个相当著名的实验。利用狗看到食物或吃东西之前会流口水的现象，他在每次喂食前都先发出一种信号（一开始是摇铃，后来还包括吹口哨、使用节拍器、敲击音叉、开灯等），连续几次之后，他试了一次摇铃但不喂食，发现狗虽然没有吃到东西，却照样流口水，而在接受重复训练之前，狗对于"铃声"是不会有反应的。

巴甫洛夫从这一点推知，狗有了连续几次的经验后，将"铃声"视作"进食"的信号，因此引发了听到"铃声"就会流口水的现象。他将这种现象称为条件反射，这证明动物行为的产生要经过如下过程：受到环境的刺激后，受到刺激的讯号被传到神经和大脑，再由神经和大脑作出反应。

1903年，巴甫洛夫发表了关于条件反射实验和相关研究的文章，他认为条件反射是高等动物对环境作出反应的正常生理机制。巴甫洛夫的发现是前所未有的，他也凭借这一发现获得了 1904 年诺贝尔生理学或医学奖。至此，巴甫洛夫成为世界上第一个荣获诺贝尔奖的生理学家。

巴甫洛夫创立了条件反射学说，解释了包括人类在内的一些高等动物对外界刺激反应的形成方式，具有划时代的意义。

动物是如何繁衍后代的?

　　动物们通过繁衍来延续自己的种群,虽然动物的个体寿命是有限的,但它们的"子子孙孙"却生存了下来。因此,对所有的动物来说,繁衍都十分重要。

　　说到繁衍,我们便会想到雄性和雌性。的确,动物的繁殖离不开"爸爸"和"妈妈"。雄蛙通过鸣叫来吸引雌蛙,雄孔雀通过开屏来引起雌孔雀的注意。雄性动物和雌性动物通过结合,才能不断地创造后代,以延续整个种族。

　　其实,动物的每个个体都存在差异,但是万变不离其宗。动物的繁殖有两种最基本的方式,那便是胎生和卵生。胎生是指雄性动物和雌性动物结合以后,幼体在母体内发育到一定阶段以后才脱离母体的繁殖方式。繁殖方式为胎生的动物大多是哺乳类动物,常见的有猴、狗、猫、狮、

虎和象等。这类动物在母体内生长发育,主要通过脐带从母体获取养分,有胎盘,出生时直接是幼体。我们人类也是胎生。

卵生的繁殖方式与胎生的繁殖方式有很大的不同，因为卵生动物的受精卵不是在"妈妈"体内发育的。换句话说，卵生动物受精卵的成长是在母体外进行的，它们生长发育所需要的营养则由受精卵本身提供。有些动物以产卵的方式来创造下一代，因此，它们被形象地称为卵生动物。卵生动物主要包括大多数的昆虫、鸟类、爬行类和两栖类等，例如我们平时生活中常见的鸡、鸭、鹅、鸽子、乌龟、蛇、青蛙等。

卵生动物大家庭中非常具有代表性的便是鱼类了，大部分的鱼类都属于卵生动物。我们都知道鱼类的产卵量一般都很大，不像家禽那样一次产很少的卵。但是"鱼妈妈"产下的卵由于受到水中各种环境的影响，成活率非常低，所以它们只有大量地产卵，才能更好地延续自己的物种。

卵的外面通常有一层外被，有的是一层柔软的胶状物质，如蛙类和鱼类的卵；而有的外面则包裹着一层硬壳，这种卵通常被称为"蛋"。

蛋与其他卵最大的区别就在于它的外面覆盖着一层具有保护作用的外壳，它就是蛋壳。蛋壳可以分为"硬壳"和"革壳"两种。鸟类的蛋通常都是硬壳的，目前世界上最大的蛋是鸵鸟的蛋，最小的蛋是蜂鸟的蛋。蜥蜴或蛇等爬行类动物的蛋，蛋壳像皮革那样有弹性，因此被称为"革壳"。

诗词加油站

描写动物的古诗词

动物不仅是人类的朋友，也是地球上不可或缺的一部分，它让我们地球的生态系统变得更加平衡和完整。在古代诗词中，对于动物的描写也是相当丰富和精彩的，下面这几首你读过吗？

《送元评事归山居》
唐 钱起

忆家望云路，东去独依依。
水宿随渔火，山行到竹扉。
寒花催酒熟，山犬喜人归。
遥羡书窗下，千峰出翠微。

《谢周文之送猫儿》
宋 黄庭坚

养得狸奴立战功，
将军细柳有家风。
一箪（dān）未厌鱼餐薄，
四壁当令鼠穴空。

《鱼儿》
宋 王安石

绕岸车鸣水欲干，
鱼儿相逐尚相欢。
无人挈（qiè）入沧江去，
汝（rǔ）死那知世界宽。

《马诗二十三首·其四》
唐 李贺

此马非凡马，房星本是星。
向前敲瘦骨，犹自带铜声。

《虎豹豺狼四画为杨百户题虎》
明 邓林

锯牙钩爪利如锋，
一啸寒生万壑（hè）风。
徒手搏来羊犬缚（fù），
虎雄争似虎臣雄。

《访戴天山道士不遇》

唐 李白

犬吠（fèi）水声中，桃花带雨浓。

树深时见鹿，溪午不闻钟。

野竹分青霭（ǎi），飞泉挂碧峰。

无人知所去，愁倚两三松。

《兔》

宋 梅尧（yáo）臣

迷踪在尘土，衣褐（hè）恋蓬蒿（hāo）。

有狡（jiǎo）谁穷穴，中书惜拔毫。

猎从原上脱，灵向月边逃。

死作功勋戒，良弓合自弢（tāo）。

思考题

1.海洋生物的种类很多，既包括藻类等海洋植物，也包括鱼、虾、蟹等动物，那么你能画出一张海洋生物的生物链关系图吗？试试看吧。

2.在草原生态系统中，较高级别的消费者除了捕食低级别消费者以外，它们之间还有别的竞争的关系，你能否举例说明呢？

8 人情已厌南中苦，鸿雁那从北地来
——动物为什么要"大搬家"？

"人情已厌南中苦，鸿雁那从北地来。"这句诗出自唐代诗人王勃《蜀中九日》，全诗为：

> 九月九日望乡台，他席他乡送客杯。
>
> 人情已厌南中苦，鸿雁那从北地来。

诗词赏析

译文： 重阳节的时候，登高眺望家乡，在异乡的离别宴上，喝着送客的酒。心中已经厌倦了客居南方的愁苦生活，不知道鸿雁又为何还要从北方飞来。

这首诗的前两句以"望乡台""送客杯"作对仗，衬托出作者思乡的情怀。第三句直抒胸臆，表达出自己久居南方思念故乡的苦闷。最后一句"我还在为回到北方而发愁，大雁却又从北飞到南方来了"则借物抒情，将思乡的哀愁表达得淋漓尽致。

王勃

王勃（649 或 650—676），字子安，绛州龙门人，唐代初期的杰出诗人，被誉为"初唐四杰"之首。据记载，王勃从小便聪颖过人，六岁就能作诗，十岁已博览群书，十六岁科考及第，进入朝廷为官，但仕途颇为不顺，屡遭被贬和入狱。所以在王勃的诗中，怀乡送别是最为常见的一类题材。王勃在诗歌体裁上擅长五律和五绝，代表作品有《送杜少府之任蜀州》等。此外他还擅长骈文，无论是数量还是质量堪称一时之最，代表作品有《滕王阁序》等。

诗词中的哲理

公元 670 年，恰逢农历九月九日重阳佳节，王勃与友人登玄武山遥望故乡，又在友人的离别宴上喝起送客酒，进而勾起了自己浓郁的乡愁，便创作了此诗。

正所谓"独在异乡为异客，每逢佳节倍思亲"，当我们背井离乡去学习、生活和工作之后，才会发现家乡和家人在我们的心中有多么重要。明白这个道理后，我们更应该珍惜和家人相处的时光，多关心自己的父母和兄弟姐妹，多做一些家务，为家庭幸福和谐做出贡献。

王勃在诗中感慨"鸿雁那从北地来"，意思是"为什么大雁要从北飞到南方"，以此来表达自己思乡的哀愁。鸿雁是大雁的一种，属于鸟纲鸭科动物，是出色的空中旅行家。

每到秋冬季节，大雁就会结成队，花上一两个月的时间，从北方飞到南方，跨越几千公里。春分之后，大雁再从南方飞回到北方。那么，大雁为什么要如此费力地长途飞行呢？

动物为什么要"大搬家"？

　　我们前面讲到，生物会在一个区域内形成相对稳定的生态系统，似乎每种动物都有自己长期稳定居住的家。但是每年到了特定的时期，我们还是会发现大批动物开始了壮阔的迁徙，天上的飞鸟、地上的羚羊、水里的鲑鱼等动物，无不在一年一年地重复着这样的生命运动。那么，动物为什么要迁徙呢？长途跋涉、不畏艰险又为了什么呢？

我们知道，任何一个地方的生存条件都不是一成不变的。动物们到了繁殖季节，对环境的要求很高，无论是鸟类、鱼类，还是哺乳动物，为了找到可以满足它们繁殖后代需求的栖息地，便有可能开始周期性的迁徙。

另外，对食物的渴求是动物们的本能。当它们所处生活区域内的食物已无法满足其生存所需时，动物们便会迁往食物丰富的地方。一般情况下，这些地方不仅在食物方面能够满足其生存所需，而且水源也很充足。

再者，气候的变化对动物迁徙也会产生很大影响。随着天气转冷，许多动物无法忍受原有栖息地的环境，它们需要更加温暖的栖息地，这就导致许多动物踏着雪地迁徙，前往适宜生存的地方。

每年秋冬季节，大雁便会南飞，以躲避西伯利亚寒冷的冬天。过了寒冬，大雁又会返回西伯利亚，产卵孵化下一代；小燕子到了春天也会飞往北方，此时北方正春暖花开，非常适宜小燕子的生存与繁衍。

由此可见，动物迁徙的原因包括繁衍后代、觅食需要和气候变化等，是动物们为了生存做出的行为。

大雁为何要排成"一字形"或"人字形"?

无论是鸟类、鱼类还是哺乳动物，在漫长的迁徙路上都不会是一帆风顺的。它们将面临各种挑战与威胁，历经千辛万苦，才能到达迁徙的目的地。动物们除了付出体力与精力之外，有时甚至会付出生命的代价。

迁徙需要大量的体力，这对鸟类来说是个巨大的考验，一旦掉了队，就很难再赶上队伍，往往意味着死亡。这种情况常发生于受伤或者年龄太大的鸟身上。

大雁在迁徙的过程中，通常排成"一字形"或"人字形"，这样做并不是为了排出好看的队形，而是为了战胜迁徙时所遇到的困难。

生物学家认为，飞在前面的头雁的翅膀在空中划动时，会产生一股微弱的上升气流，根据空气动力学，排在它后面的大雁便可以借助这股气流，更加节省体力，这对于身体较弱的老雁来说不失为一种照顾。

更为巧妙的是，大雁在迁徙飞行的过程中，除了保持队形以外，还会根据需要更换领飞的头雁，这样就能有效避免头雁因为长期领飞而过于疲劳了。

除了体力以外，天敌对于迁徙中的鸟类也会造成巨大威胁。当遇到天敌时，排成"人字形"或"一字形"的大雁可以迅速调整队形，利用集体的力量进行防御和反击。

鱼类在洄游过程中也会面临诸多困难，例如大马哈鱼要顶着水流前进，巨大的阻力使得大马哈鱼的体力饱受考验，到达目的地产完卵后，大部分大马哈鱼就会死去。

哺乳动物迁徙所遇到的艰难险阻也是各种各样的。非洲的马拉河里潜伏着大批凶狠的尼罗鳄，当角马的迁徙大军疲惫不堪地出现在马拉河畔时，那些瘦弱的老角马和刚出生的小角马大多会成为这些大鳄鱼们的美餐。

面对鳄鱼的侵袭，角马群丝毫不畏惧，它们前赴后继、勇敢冲锋，鲜血染红了河水。最终大部分角马冲到对岸，它们以牺牲少数角马为代价，换来了整个种族的生存。

动物迁徙大军一直勇敢前行，跨过险阻，最终抵达栖息地，所以用"勇士"一词来形容迁徙大军毫不为过，动物迁徙是真真切切的"勇士之旅"。

动物在迁徙过程中如何辨别方向？

　　每一年，候鸟都会在既定的路线上进行迁飞，并且每年都能准确地飞到自己的故乡和越冬地，这说明鸟类具有非常精确的导航定位能力。鸟类为何可以千里识途？

　　这是大自然给人类提出的难题之一。科学家对这个问题进行了诸多研究，发现鸟类可以运用很多事物辨别方向。首先，鸟类在飞行的时候，能够依靠自己的视觉来辨别方向。鸟类会注意观察天空中的各种事物，太阳、月亮、繁星的位置都是它们确定方向的坐标。并且鸟儿还能通过记忆山脉、河流等地理标志来辨别方向。

除了通过视力辨别方向之外，鸟类体内的生物罗盘也在迁徙中起着十分重要的作用。除此之外，偏振光、紫外线也会帮助鸟类在迁徙中辨别方向。

鱼儿在洄游的过程中，也会发挥自己的本领，尽量利用各种因素为自己导航。很多鱼类都能根据水温的变化来确定自己前行的方向，沿途植物的变化也会为它们识别方向提供很大帮助。

而且，大多数鱼类都有一种鸟类和其他哺乳动物没有的本领，那就是利用电流信号来辨别方向。水是一种导体，因此海水也是可以导电的。海水在地磁场中流动时，会产生微弱的电流，于是，生活在水中的鱼儿便可以利用电流的信号，校正自己前行的方向。

而对于昆虫来说，它们最为擅长的是通过对光的感知来辨别方向。太阳光撞击到大气层的大气分子时，部分光波会分散或者在一个平面上振荡，形成偏振光，其偏振角度与太阳的位置和太阳移动的过程相关。因此，昆虫能根据偏振光得到关于太阳位置的准确信息，很多昆虫就是利用这一点来辨别方向的。

看来，动物们各有各的生存方法，而这正是动物进化的结果。有时我们不得不感叹动物的神奇。

遇见科学家：达尔文

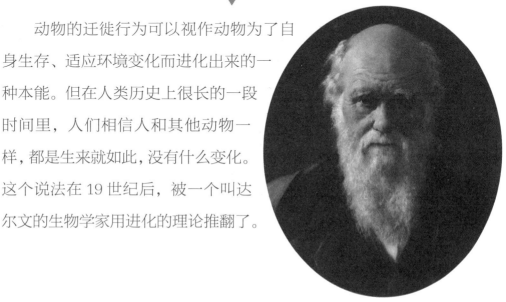

动物的迁徙行为可以视作动物为了自身生存、适应环境变化而进化出来的一种本能。但在人类历史上很长的一段时间里，人们相信人和其他动物一样，都是生来就如此，没有什么变化。这个说法在 19 世纪后，被一个叫达尔文的生物学家用进化的理论推翻了。

1809 年，查尔斯·罗伯特·达尔文（1809—1882）出生在英国小城什罗普郡郡治，他的父亲和祖父都是医生。1817 年，八岁的查尔斯加入了牧师开办的走读学校，那时他已经对自然历史和收藏产生了浓厚的兴趣。

1825 年，达尔文去了爱丁堡大学医学院学习，这是当时英国最好的医学院。但达尔文觉得课堂上学习的知识枯燥无味，做手术又痛苦不堪，因此他忽视了学业，每天跟着别人学习标本剥制术。

达尔文对医学学习的忽视惹恼了他的父亲，父亲精明地把他送到剑桥大学基督学院学习神学，希望他未来能成为一位牧师。但显然，达尔文的兴趣并不在神学上，在剑桥大学时期，他对自然历史的兴趣变得越加浓厚，甚至完全放弃了对神学的学习。

在剑桥大学，达尔文结识了当时著名的植物学家 J. 亨斯洛和地质学家席基威克，并接受了植物学和地质学研究的科学训练，这为他以后的生物学研究奠定了基础。

1831 年，达尔文从剑桥大学毕业。在老师的推荐下，他搭乘英国海军"小猎犬号"舰，环绕世界进行科学考察航行。

这次科学考察历时 5 年，达尔

文先在南美洲东海岸的巴西、阿根廷等地和西海岸及相邻的岛屿上考察，然后跨太平洋来到了大洋洲，紧接着又越过印度洋到达南非，再从南非的好望角经大西洋回到巴西。1836 年 10 月 2 日，达尔文结束了考察，返抵英国。

可以说，这次航行改变了达尔文，回来之后，他开始忙于研究，并立志成为一个严谨的科学家。1838 年，他有了一个重要的想法：世界并非上帝在六天的时间里创建出来的，所有的动物、植物都可能改变过，而人类也可能是从某种生物转变而来。

要知道，在信奉神创论的时代，这样的想法可以说是非常大胆和危险的。但是达尔文并没有因此产生畏惧，而是抱着严谨的态度，搜集、整理和分析了大量的生物分类学、胚胎学、地质学以及考古学方面的证据，花了 20 年的时间，写成了《物种起源》一书。1859 年 11 月，《物种起源》正式出版上市。

据记载，《物种起源》一开始只印刷了 1250 册，但只用了一天就全部售罄。在这本书中，达尔文提出了生物进化理论：物种都处于不断变化之中，经历了由低级到高级、从简单到复杂的演变过程；生物的发展和进化不是由神的意志或生物本身的欲望决定的，而是遗传变异、生存斗争和自然选择的结果；人类也是进化来的，不是上帝创造的。

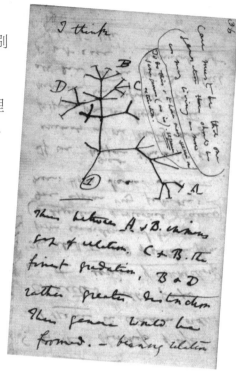

尽管遭受到了多方的猛烈抨击，但《物种起源》用充足的研究和证据，打破了千百年来"上帝创造万物"的神创论，可以说是生物科学里程碑式的伟大革命。

1871 年，达尔文出版了另一部伟大的著作《人类的由来》，从各个方面以事实和理论阐述了人类是从猿类进化而来的观点。这部著作进一步充实了进化学说，为生物进化论奠定了基础。

为什么动物需要进化?

　　从地球上出土的古生物化石来看，今天生活在地球上的生物，大多数都与它们的祖先不太一样：它们有的变得很大，有的却变得很小；有的长出了复杂的结构，而另一些则变得十分简单。我们将这种生物的性状在世代之间的变化叫作进化。那么，地球上的生物为什么会进化呢?

在《物种起源》一书中，达尔文提出了"物竞天择，适者生存"的理论。他认为，生物之间存在着对食物、水源、栖息地等的竞争，那些更加适应环境的个体会生存下来，不能适应的则被自然界淘汰，生物正是通过遗传、变异和自然的选择，从低级到高级，从简单到复杂，种类由少到多地进化着、发展着。

举例来说，远古时代的长颈鹿并不像现在的长颈鹿这样有长长的脖子，它们习惯低下头，以低矮的灌木为食。但是，随着地球气候的变化，低矮的灌木日益稀少，这时，那些脖子稍长的长颈鹿因为可以吃到高处的树叶存活下来，而那些脖子短的个体就只有被饿死。

随着时间的推移，这些长脖子的长颈鹿逐渐成为长颈鹿群体的主流，而它们也将自己的"长脖子基因"遗传给下一代，让下一代天生就拥有长长的脖子。久而久之，经过很长时间的遗传、变异和自然选择，长颈鹿就变成今天的样子了。

由此可见，生物的进化实际上是一个被动的过程。当环境改变、生存受到威胁时，一个种群中就会出现一些能适应环境变化的个体，而这些个体在生存下来的同时，也可以将这些"优秀"的基因传给后代。经过无数代的遗传、变异和自然选择，生物就完成了进化。

随着地球环境的变化，在未来，包括人在内的动物还有可能会进一步进化，但这个过程是缓慢的。

诗词加油站

描写鸟类的古诗词

有了鸟儿的陪伴，青山绿水才显得更有灵性；有了燕群的掠过，天空才显得更加蔚蓝和开阔。古人也一定热爱天空中的这些鸟儿，所以才会留下诸多生动美妙的诗词。

《画眉鸟》
宋 欧阳修

百啭（zhuàn）千声随意移，
　山花红紫树高低。
　始知锁向金笼听，
　不及林间自在啼。

《鸟鸣涧》
唐 王维

人闲桂花落，
　夜静春山空。
　月出惊山鸟，
　时鸣春涧中。

《咏燕》
唐 张九龄

海燕何微渺，乘春亦暂来。
　岂知泥滓（zǐ）贱，只见玉堂开。
　绣户时双入，华轩日几回。
　无心与物竞，鹰隼（sǔn）莫相猜。

《绝句二首》
唐 杜甫

其一

迟日江山丽，春风花草香。
　泥融飞燕子，沙暖睡鸳鸯。

其二

江碧鸟逾白，山青花欲燃。
今春看又过，何日是归年。

《秋词》
唐 刘禹锡

自古逢秋悲寂寥（liáo），
　我言秋日胜春朝。
晴空一鹤排云上，
　便引诗情到碧霄。

《湖上》
宋 徐元杰

花开红树乱莺啼，
草长平湖白鹭飞。
风日晴和人意好，
夕阳箫鼓几船归。

《鹦鹉》
唐 来鹄（hú）

色白还应及雪衣，嘴红毛绿语仍奇。
年年锁在金笼里，何似陇山闲处飞。

以上这些描写鸟类的诗词，你最喜欢哪一句呢？

思考题

1. "几处早莺争暖树，谁家新燕啄春泥"出自唐代诗人白居易的《钱塘湖春行》一诗，诗中提到的啄着春泥筑巢的新燕，是刚出生的燕子吗？

2. 如果地球的环境遭到破坏或持续恶化，人类也可能会尝试迁徙到别的星球上去。若是那样，你觉得人类想要成功迁徙，需要哪些条件，又要克服哪些困难？